肌斷食

立即丟掉你的保養品及化妝品，99%的肌膚煩惱都能改善！

清水

凡士林

純皂

宇津木龍一◎著　婁愛蓮◎譯

序：愛美的女人最「毒」？小心身邊的美妝保養品

據說，日本女性每 4 人就有 3 人是乾性肌，每 3 人就有 1 人是敏感肌。為什麼這麼多女性都有肌膚上的問題？原因有很多，但我認為，最主要還是基礎保養時太依賴保養品的關係。

10年前，我在北里研究所醫院開辦美容健診。這在當時蔚為話題，很多在意肌膚保養的女性都前來接受肌膚檢測——雖然當時她們並不覺得自己的肌膚有什麼問題。

但經過顯微鏡檢測，卻發現這些女性竟有 8 成以上肌膚嚴重缺水，甚至毛孔發炎泛紅。令人驚訝的是，這些病患只要停止使用保養品，肌膚乾燥和發炎的現象就大幅改善。但一旦開始擦保養品，肌膚狀況又再度惡化。

經過調查後發現，大部分保養品所含的油質和界面活性劑會破壞、刺激肌膚的防護。只要停止使用保養品，洗完臉後的肌膚就不會緊繃，日積月累下來肌膚真的會變漂亮。所以，最好的保養方法和治療燒燙傷、促使皮膚再生的方法一樣，就是小心呵護肌膚，完全停用卸妝乳、化妝水、精華液、乳霜等基礎保養品，只用清水洗臉。簡單來說，就是幫肌膚「斷食」，排毒再生——這就是我倡導的「宇津木保養法」。

本來，肌膚保養是屬於皮膚科的範疇，但我的保養方法卻是以治療燒燙傷的理論為基礎，偏向整形重建外科的做法，這是最大的特點。

目前，我最擅長的是治療黑斑、皺紋與鬆弛等肌膚狀況，但在教學醫院當整形重建外科醫生時，治療嚴重燒燙傷也是我的強項。治療燒燙傷，最重要的就是不讓皮膚乾燥，一旦過於乾燥皮膚會壞死，甚至連性命都會不保。在整形重建外科治療燒燙傷和創傷時，如果想讓傷口儘快癒合，就絕對不能使用油質、乳霜或化妝水來保濕。因為這麼做反而會造成反效果，這是醫學常識。

燒燙傷後的皮膚如果含水量夠，毛孔就能再長出新的皮膚，等新長出的範圍逐漸擴大，皮膚很快就可以再生。要保護燒燙傷後的肌膚、防止肌膚乾燥，唯一能讓整形重建外科醫生放心的，就只有凡士林和生理食鹽水，因為其他保養品都會產生對肌膚有害的副作用。

尤其是乳霜和化妝水，它們對於燒燙傷後失去自我防禦能力的皮膚來說，簡直就是毒中之毒，更是有害的異物。為了排除這些異物，皮膚會發炎化膿。傷口因為這些膿液和死掉的細胞變得黏稠，好不容易開始再生的皮膚也會被溶解。如果是健康肌膚用了乳霜，皮膚的保護層則會被破壞，肌膚會變乾燥，一旦進入了毛孔，還會刺激毛孔造成發炎。這正是前來進行皮膚檢測的女性們所呈現的肌膚狀況。

有時，當肌膚受到嚴重損傷，如果不快點讓受傷的皮膚再生，病人的生命會有危險。在這種危急的情況下，除了凡士林和生理食鹽水，有時也不得不使用抗菌軟膏來殺死傷口滋生的細菌。在這些治療的過程中，我會每天仔細觀察它對受傷肌膚造成的影響，這種種的經驗，讓我發現了一種全新的肌膚保養法，就是「宇津木保養法」。

因為只用水洗臉，所以對肌膚幾乎毫無刺激。不僅乾性肌、敏感肌和油性肌，就連有過敏性皮膚炎或青春痘困擾的人，都建議可以嘗試看看。至於想要維持健康美肌的人，當然也大力推薦。

「宇津木保養法」和目前的美容理論或保養方法完全不同，我想一定有人覺得訝異、困惑、懷疑，甚至是心生抗拒。但這個保養方法我已經推行了10年以上，只要能夠持續下去，病患的肌膚乾燥和發炎問題都能獲得極大改善，不會再度惡化。這個方法已經經過千人以上的實際驗證，除了我的病患之外，包括我的家人、指導過的女醫生、診所裡的女員工，甚至是建議我出版此書的編緝和合作的插畫家們，全都開始使用這個保養法。

實踐宇津木保養法的人，幾乎都有相同的體驗——「大家都說我的皮膚變美了」、「省掉化妝保養費及時間，肌膚居然還變好」、「再也不用瓶瓶罐罐，梳妝台和肌膚都乾淨漂亮」。

這種極簡保養，不只療癒肌膚，更連心靈和生活都變得自在暢快。

祝福大家！

2012年1月

宇津木龍一

給台灣讀者的話
～在實行肌斷食前，一定要知道的事～

親愛的台灣讀者：

真的非常感謝您購買本書。

肌膚的美麗與否，雖然有天生體質的差別，卻沒有國籍之差。而我所創的肌斷食（宇津木保養法），是至今唯一一種對所有肌膚都適用（回復個人最佳狀態）、最能獲得效果的方法。同時，更是我歷經10年以上的臨床實驗，才獲得確切實證的保養秘方。說是秘方，其實方法極為簡單：就是什麼都不擦，只用清水洗臉。雖然這個方法對肌膚只有好處，無論何種肌膚都可使用，但因為每個人皮膚的受創程度不同，有些人並沒辦法立刻開始肌斷食（宇津木保養法）。

例如，如果是嚴重的異位性皮膚炎或過敏性皮膚炎，就必須先接受皮膚科的專業治療。此外，有些人已經變成「保養品中毒」或「美妝品依存症」的狀態，一旦肌膚突然斷掉保養品，就會造成各種麻煩的肌膚問題，最常見的就是乾燥肌及脂漏性皮膚炎，這些人也必須進行一些事先準備。

斷掉美妝品後產生的脂漏性皮膚炎，是由每天塗在臉上的美妝保養品中所含的防腐劑所引起的。我們臉上原本就擁有能保護肌膚、不受病原菌傷害的「共生菌」，但美妝品中的防腐劑卻會殺害或減弱這些共生菌的力量，導致一種叫「馬拉色菌」（malassezia）、類似酵母菌的黴菌異常增生，造成嚴重的脂漏性皮膚炎。

要是肌膚狀況惡化，就無法立刻擺脫羥基苯甲酸酯（Paraben）這類強效防腐劑——這就是前面所提到過的「美妝品依存症」。

原本，保養品應該是用來幫助肌膚維持良好狀態的，卻在斷絕之後出現各種可怕的病症，這就代表它們其實會對肌膚造成重大傷害。

如果斷掉美妝品之後肌膚出現了問題，先不要著急，先試著慢慢減掉美妝品的使用量，讓肌膚逐漸擺脫對美妝品的依賴，或完全斷掉美妝品，靜待肌膚狀況好轉、自然恢復。有時也可以尋求皮膚科的專業幫助，或許也能加速復原的速度。

無論如何，最重要的就是讓肌膚的共生菌盡快再生，改善肌膚發炎及乾燥的問題，重新找回肌膚原有的健康活力。肌膚會出現問題，有時不僅是保養品或化妝品所造成，也有其他的原因。為了徹底找出源頭，就不能再用美妝品掩飾太平，同時傷害肌膚，造成皮膚病或加速老化，讓問題如雪球般越滾越大。

最後，對美肌及健康肌膚來說，洗臉是最重要的一件事。過度清潔會造成乾燥；洗不乾淨又會造成皮脂、皮垢堆積，進而導致馬拉色菌感染，引發皮膚過敏或脂漏性皮膚炎。請大家每天仔細觀察自己的肌膚，找出最適合自己的洗臉方式吧！

至今，我在預防黑斑、細紋及肌膚鬆弛等抗老的專業領域，已累積了將近13年的豐富經驗。我深刻地了解到，維持皮膚的健康，不僅是在追求「美肌」，對於維持肌膚的青春，預防黑斑、細紋及肌膚鬆弛等抗老治療上，更是不可或缺的條件。

至今為止，為了讓肌膚健康美麗，醫學美容界不知開發了多少先進的治療及技術，有些手術甚至可以永久預防細紋及肌膚鬆弛的問題。除了用肌斷食（宇津木保養法）維持肌膚健康之外，我也建議大家在適度的範圍內，積極接受醫美治療。當然，最重要的是，無論大家接受了何種治療，如果想要獲得完美的效果，就必須依靠肌膚的健康狀態，這一點絕不能忘記。

最後，我誠心希望大家都能擁有健康美麗、又閃耀動人的肌膚！

肌斷食　目次

Part 1 美肌第一步：斷掉保養品

Part 2 肌膚擁有神奇的再生力量

Part 3 「保養品」危害肌膚的真相與謊言

Part 4
不塗抹、不搓揉、不過度清潔！
保證回復美麗肌膚 實踐 宇津木保養法

Part 5

明天起效果立現！
肌膚保養的新觀念

宇津木保養法的基本要件有三：

「不塗抹、不搓揉、不過度清潔」。

每天要做的，就是盡量不搓揉肌膚，

只單純用「**清水洗臉**」，

加上**天然純皂和凡士林**即可。

讓我們以擁有完美肌膚為目標，一起努力吧！

Part 1

美肌第一步：斷掉保養品

「停止對皮膚有害的行為」，
不管幾歲，肌膚都能美麗再生！
肌膚肌理即刻再生，馬上消炎退紅。
無論是乾性肌、敏感肌，就連過敏性皮膚炎、
有青春痘困擾或皮膚過敏都一定要試試看！

怎樣才能擁有美麗肌膚？

為了擁有美麗肌膚，許多女性每天使用卸妝乳、化妝水、乳霜等保養品來保養肌膚。為了看起來容光煥發，還會塗抹粉底、飾底乳、遮暇膏等底妝。

可是，不論是基礎保養品也好，底妝化妝品也好，這些美妝品大多對肌膚有害。

它們會使肌膚變乾、發炎，到後來皮膚新陳代謝明顯變差，成為肌膚黑斑、皺紋、暗沉、鬆弛的主要原因。所以。我診所的病患一旦經顯微鏡詳細檢測後，確定是肌膚乾燥或發炎時，我都會建議她們先停用保養品和底妝。

雖然我現在十分了解保養品對肌膚的傷害，更大力倡導簡單的保養法，但在以前，我卻在教學醫院販賣化妝水或乳霜等保養品給前來看診的病患。

身為專治創傷、燒燙傷的專家，我不僅是整形重建外科醫生，同時也是保養品公司的顧問。因為這層關係，我對保養品多少有些研究，甚至還考慮退休後到保養品公司任職。因為當時，我深信保養品能使肌膚健康美麗。但事實並非如此……

那時是1997年，我剛創立專治黑斑、皺紋、鬆弛的北里研究所醫院美容醫學中心，並擔任中心主任。

我原本是個擅長開刀的整形重建外科醫生，對美肌保養這塊並不是那麼專精。所以我努力K書自修，並一一向皮膚科醫生們請教：「肌膚保濕用什麼最好？」

結果大家的答案都是：「喜療妥（Hirudoid）最好，其他像適量的保濕霜和凡士林也很不錯。」附帶說明一下，喜療妥是一種保濕效果極佳的藥，大部分皮膚科醫生治療皮膚乾燥的處方，都是用喜療妥軟膏或乳液。

此外，皮膚科醫生也提到「保養皮膚以洗臉和保濕最為重要」，皮膚科的教科書也這麼寫。

當時的我雄心萬丈——好！既然如此，我就來研發一種可以讓病患安心使用的保養品吧！盡量不添加防腐劑，而且原料要用最好的。萬一有人用了過敏，引起皮膚炎，我就將全部成分都做一次皮膚過敏測試，查明過敏原（引發過敏的物質）。甚至我還可以剔除會引發該病患過敏的過敏原，為她量身定做專屬的保養品。

我甚至自己研發測試過敏反應的皮膚貼布，希望這一組保養品可以成為最完美的基礎保養品，並將它命名為「過敏測試保養品」。

這一組包含洗顏劑、化妝水、乳霜、護膚油、防曬乳等五項基礎保養組合，在病患圈裡大獲好評，連來看診的病患也慕名搶購。當時醫美保養品正開始流行，還有公司找上門來想販售我的保養品。我大受鼓舞，開始著手研發大眾化產品，準備讓它在市面上販售。

包裝設計就找汽車設計師；至於容器，為了讓內容物一直保持真空狀態，就採用類似針筒的構造……我的產品上市計劃，開始一步步進行中。

然而，我研發的過敏測試保養品最終還是沒能問世。我停止了我的產品上市計劃，而且再也不使用外面販售的保養品。

因為，我發現越是使用保養品，肌膚乾燥的狀況就越嚴重。而一切的一切，都起源於我後來所開辦的「美容健檢專科」。

驚人事實：越擦保養品，膚質越糟糕

2001年，我在北里研究所醫院美容醫學中心開設了詳細檢測皮膚狀態的「美容健檢專科」。我認為，檢測肌膚健康狀況的「美容健檢」，應該和身體健康檢查一樣成為不可或缺的步驟。

我的「美容健檢」受到了電視及報章雜誌的爭相採訪，大批的病患蜂擁而來。多虧了他們，我很快地收集到大量的肌膚數據。將這些數據加以統計後，我得到了讓我大為驚愕的結果。

最早接受美容健檢的227名女性中，有188人臉頰呈現乾燥脫皮的狀態，等於是佔了83％的比率。

不只如此，當中的105人，也就是將近半數的人，皮膚狀態糟糕透頂。肌膚稱得上健康，也就是膚況還算正常的只有僅僅39人，只佔17%。這其中，只有兩個人是完全挑不出毛病的理想膚質。

話說那105人，也就是接近半數的最差膚況，到底糟糕到什麼程度呢？請看31頁照片中的「Ⅲ」。健康的肌膚表面，會呈現細小的網狀紋路叫做肌理（又稱為皮溝），但「Ⅲ」卻完全看不到肌理的網狀結構。也就是說，肌理已經完全不見了。

沒有肌理，就表示肌膚已經萎縮，細胞完全無法分裂再生。它和膠原病（Collagen disease，亦稱結締組織疾病），或燙傷長水泡時表皮薄膜被水泡撐起的狀態一樣，都是生病的肌膚。

這種膚質的人竟然佔了將近半數，我實在覺得不敢置信，一開始還懷疑是不是哪裡錯了。

而且，前來接受美容健檢的，並不是懶得保養的人。她們願意花 3

萬5千日圓進行大約1個小時的檢查，讓專家檢測自己的膚質，就表示她們很在意肌膚保養，而且比一般人更為熱衷。

可是，卻有8成以上的人皮膚殘破不堪，而且近半數以上呈現連細胞都無法分裂的病態狀況……當我更進一步調查後發現，越是熱衷皮膚保養的人，肌膚乾燥、粗糙的情況就越嚴重。

她們的肌膚出現了顛覆過去認知的現象，我在2001年的美容皮膚科學會上，將這個事實公諸於世。

肌膚肌理的 4 個階段

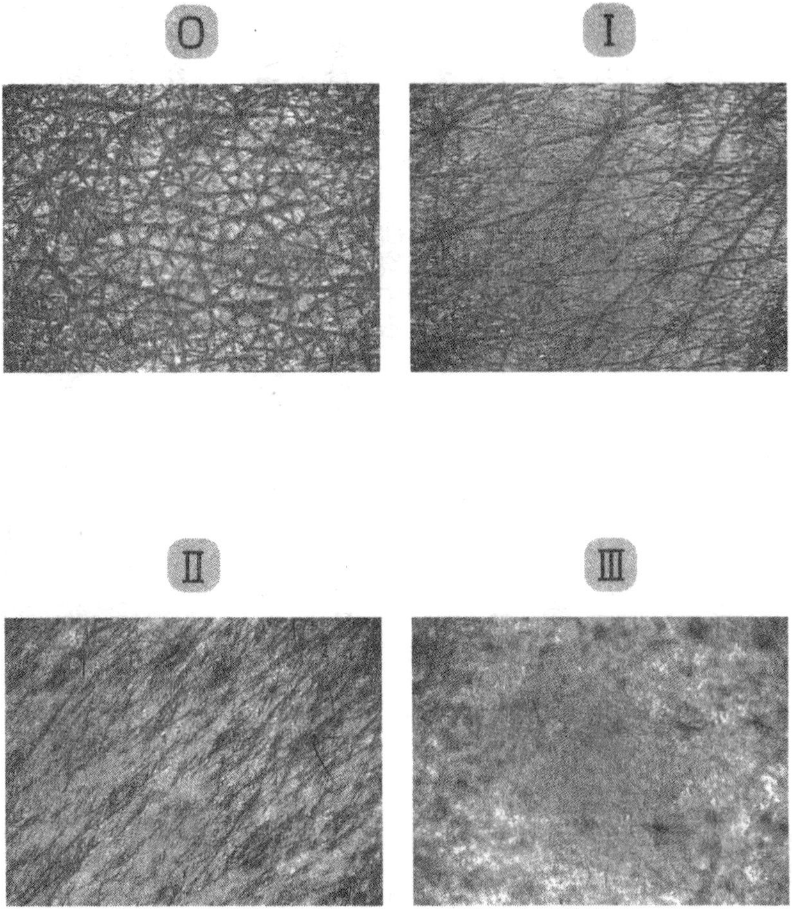

「肌理」，決定肌膚美麗與否的關鍵

進行美容健檢、診察病患肌膚狀態，最有效的方法就是透過數位顯微鏡觀察肌理狀態。

這台手持式顯微鏡與電腦連接，可從螢幕上看到放大30倍至500倍的皮膚表層，從皮膚表面的肌理和毛孔，到皮膚下的黑色素、微血管及膠原纖維等都照得一清二楚。皮膚是否暗沉、發炎，也都一目瞭然。

皮膚的肌理，就是皮膚表面的網狀紋路。它無關年齡，不論是嬰兒也好，八、九十歲的老人家也罷，只要是健康的皮膚都看得到肌理。肌理的狀態，可以看出肌膚健康與好壞的程度。

請看一下31頁的圖「O」和圖「Ⅲ」。圖「O」的肌理細小，一個個排列得整整齊齊，皮膚很有彈性，飽水濕潤，外觀看起來也很漂亮。如果是健康美麗的肌理，每個網眼裡還會分成兩個三角形，細胞分裂越旺盛，三角形就越結實飽滿。

至於老人家和保養方式錯誤的人，他們皮膚的網眼會變大，肌理的紋路也會變淺，網眼中看不出形狀，不易辨識。最嚴重的情況，就是肌膚完全沒有肌理，圖「Ⅲ」正是這樣的狀態。這種皮膚因為很薄又失去彈性，因此容易會出現小細紋，而且非常乾燥。因為非常乾燥，洗完臉後皮膚就會異常緊繃。

事實上，我們用顯微鏡觀察病患的皮膚也是如此。皮膚狀況好的人，肌理清晰可見；而抱怨皮膚乾燥不適的人，則幾乎看不見肌理。就算稍稍還看得見肌理，也像鉛筆淺淺描過那樣淡得可憐。

針對熱衷保養與喜愛化妝人士所開的美容健檢，竟有近半數的人皮膚呈現圖「Ⅲ」的殘破狀態，這血淋淋的事實不得不令人驚心。

肌斷食效果❶肌理即刻再生

皮膚乾燥粗糙的女性為什麼會這麼多呢？一開始我對這項發現百思不解，但後來謎團漸漸解開。

來看診的病患中，有一些女性不管擦什麼皮膚都會紅腫發炎，也就是所謂的敏感肌。用顯微鏡觀察後，我發現這些女性的皮膚幾乎看不到肌理，而且乾燥缺水。

皮膚之所以嚴重乾燥，是因為防止體內水分蒸發的保濕膜被破壞了；同時，本該保護皮膚免受外界刺激的防禦機能也失去作用。一旦皮膚的防禦功能失去作用，保養品就直接侵入肌膚引起發炎，皮膚當然發紅。

這部分的相關內容，我會在下一章詳細說明。

因為擦什麼都會引發紅腫，所以這些病患只能試著停用保養品，讓肌膚「斷食」一陣子。於是，第一個月她們停止使用卸妝乳、乳霜、乳液、精華液、化妝水，而且也不擦粉底，連洗臉也盡量不用純皂，只用清水洗臉。

一個月後她們來醫院回診，我們再用顯微鏡檢測她們肌膚，結果發現什麼都沒擦的人全都重新長出了肌理，肌膚乾燥和洗完臉後的緊繃感也都不見了。

相形之下，那些肌理沒有改善的人或是仍在惡化的人，絕對都是還往臉上塗塗抹抹的人。

但是，什麼都沒擦的病患，知道自己肌膚乾燥的問題獲得改善、肌理也漸漸成形後，就放下心來，肌膚才好轉沒多久，又開始擦保養品，結果一擦皮膚又立刻變紅。用顯微鏡檢測後發現，她們皮膚的肌理又變淺了，而且洗完臉後的緊繃感又出現了，膚況再度惡化。

肌斷食效果❷馬上消炎退紅

不只是肌理紋路，最令人在意的是發炎。敏感肌的人，幾乎所有毛孔周圍都有發炎現象。因為肉眼看不見，所以他們不知道自己的毛孔已經因發炎而變紅、變黑，皮膚變得像月球表面般坑坑洞洞。

變成這種情況大多不是一天、兩天，而是長時間反覆發炎所造成。

治療這類發炎症狀，也和幫助肌理再生的過程一樣。只要斷掉保養品，1個月後毛孔發炎的現象就會大幅改善。不過，只要再度使用保養品，膚況就會又再度惡化。

斷掉保養品，肌理和發炎症狀馬上獲得改善；再度使用保養品，膚況立刻惡化。顯微鏡的檢測，清楚地呈現了極為明確的事實。

此外，說自己在醫院買的保養品正好用完、有 2 個月的時間「肌膚斷食」的人，膚況變得非常好；與此相反，持續認真使用保養品的人，膚況卻變得更糟。

「罪魁禍首」是保養品本身？還是保養品的使用方法？答案絕對不會只有一個。透過顯微鏡觀察多位女性的皮膚後，我的結論是「兩者皆是」。

保養品的上市計畫不能再繼續了。我停止我的保養品創業計畫，之前在賣的保養品除了凡士林和以凡士林為基底的防曬產品之外，也都全部停止販售。

但是，保養品為什麼、又是如何使肌膚變得乾燥甚至發炎呢？我打定主意，非把其中原因弄個清楚不可。

同時，斷掉保養品之後的保養，像是最不造成肌膚負擔的洗臉方法、局部上妝法，以及凡士林的塗抹方法等，也必須一一重新思考，想出具體方案才行。

自從與保養品劃清界線的那一刻開始，我便一心想要創造新的基礎保養理論和保養方法。

不管幾歲，肌膚都能美麗再生

我倡導的基礎保養法有個大原則，就是「停止對皮膚有害的行為」。換言之，就是讓肌膚「斷食」，對皮膚有害的東西一概不擦、不用。

具體而言，像是卸妝乳、乳霜、精華液、化妝水這類的基礎保養品，以及粉底液等底妝都要停掉，最後甚至連純皂都不用，只用清水洗臉。

雖然我大力推薦這個方法，但它和現今的保養常識相差太多了，很多人都說這方法太過荒謬，難以置信。

不過，請想一想。當你的肌膚出現問題或生病去看皮膚科時，專業醫生都是怎麼建議你保養皮膚的？如果症狀很嚴重，醫生應該都會教你斷掉保養品才對。而且，他大概還會對你說：「如果你實在很想擦些什麼，就塗一點凡士林吧！」

懂了嗎？什麼都不擦的保養方法並不特別，它從以前就是治療皮膚、讓皮膚能充分再生的保養方法，這在醫界是大家都知道的基本療法。也就是說，它原本就是為皮膚出現問題的病人所準備的。

所以說，不只是乾性肌、敏感肌，就連過敏性皮膚炎、有青春痘困擾或是皮膚過敏的人，都一定要試試看這個保養方法。不論年齡、性別，也不管膚質如何，男性也好女性也好，10或20歲、40歲、70歲甚至是80歲都無妨，不管幾歲都可以開始。

只要是皮膚出現狀況超過10年以上的病患們，我都極力推薦這個保養法，它對多數女性都困擾不已的肌膚乾燥問題最為有效。而那些病患的肌膚，也確實一年比一年健康美麗，每年檢測所得到的數據都可以證實。

基礎保養品就像毒品

無論怎樣的保養方法，都不可能讓所有人百分之百滿意。有不少病患試了我推薦的保養方法後，覺得自己不適合就半途而廢了。這些病患因為肌膚乾燥，覺得如果不每天擦些什麼，皮膚狀況會變得更差、更糟糕，因此不敢斷掉保養品。

再加上一擦乳霜或精華液等基礎保養品，肌膚立即明亮光澤，摸起來水水嫩嫩，就算是異常乾燥的肌膚，也會讓人產生膚況絕佳的錯覺。基礎保養品可以讓肌膚看起來健康光澤，就像是特效藥一樣。

因此，一旦斷掉基礎保養品，洗完臉後會立刻出現皮膚緊繃、脫屑，好像要裂開似的感覺。這時趕快再拿起乳霜和精華液往臉上擦，一擦之後奇蹟發生，肌膚立刻變得水嫩有彈性。就這樣，肌膚就變得越來越依賴保養品。

就好像酒精中毒一樣，肌膚變得「對保養品上癮」了。病患不得不藉由保養品，來掩飾極度乾燥的肌膚。

這類女性的肌膚，從肉眼看來很健康，但一用顯微鏡將兩頰肌膚放大檢測，毫無例外都會發現她們肌膚表面的肌理紋路很淺，就像用鉛筆輕輕劃過似的幾乎看不見。

不僅如此，她們的毛孔都有紅腫發炎的現象，而且因為發炎色素沈澱，顏色變成了褐色。因為不到全臉泛紅的程度，所以她們完全沒發現目前使用的保養品與自己的肌膚不合，已經引起發炎。這種輕微發炎，如果沒嚴重到一目瞭然的程度，不用顯微鏡觀察根本發現不了。

可是，這種輕微的發炎和乾燥一旦日積月累地持續，就會發展成慢性症狀，讓肌膚變得更乾燥及敏感，泛紅狀況變成暗沉、黑斑、細紋及皺紋，皮膚逐漸老化，從而更離不開保養品。因此，正確的做法就是趁早停用保養品。

許多人在婚禮等重要的日子，會額外進行一些去角質或敷臉的特別保養，讓肌膚看起來更加美麗。這偶爾為之還好，如果每天持續，只會讓皮膚狀況變得更糟。基礎保養也是如此，如果為了讓自己每天看起來容光煥發而不斷塗抹保養品，肌膚會漸漸地失去健康。肌膚一旦變得不健康，就越離不開保養品，到頭來就變得非用保養品來掩蓋不可。

只要塗抹一下，肌膚就能看起來光彩年輕，心情也跟著愉快起來，這就是保養品的魔力。但保養品就像毒品或酒精，一旦沾染上，想戒都戒不掉了。

為什麼明知有害，卻還是「斷不了」？

大多數女性都相信保養品對肌膚有好處，每天都在臉上拼命塗抹。我的病患乍看之下似乎沒有受到保養品的危害，肌膚保持得很健康，但用顯微鏡一照就知道，許多人的毛孔都受到保養成分的侵害，到處都出現發炎現象。

肌膚健康的人只佔了全部的1至2成，有8至9成的人毛孔都在發炎。

明明有肌膚問題，卻不以為意地繼續使用保養品，這是個大問題。我會用顯微鏡讓病患觀察自己肌膚，並建議道：

「你目前使用的保養品，很可能就是造成皮膚發炎的主因，請先停用兩、三個星期看看。等下次回診時，我們再用顯微鏡來觀察，和今天的情況做個比較，看看是改善了還是惡化了，有沒有什麼不一樣。」

大部分的病患只要停用保養品幾週後，皮膚狀況都會變好，所以她們自己也知道每天擦一堆有的沒的其實對肌膚並不好。

儘管如此，還是只有少數人願意考慮停用保養品，其他人大多會試著尋找另一種看似無害的保養品，接著繼續用。

於是，毛孔又再度發炎泛紅。

這些人如此反覆試過幾次之後，才終於覺悟到不擦保養品對肌膚才是最好的。可是不管怎麼樣，大部分的病患還是覺得臉上要擦點什麼才會安心。

所有的女性從小就被保養品廠商灌輸「肌膚要美麗，基礎保養不可少」的觀念，報章雜誌也都這麼說。我深深體會到，要改變「既定觀念」實在是難上加難的事。

殘酷的真相，多數人難以接受

我會一邊用顯微鏡觀察病患的皮膚，一邊比對31頁4個階段的肌膚狀況。

「你的皮膚，是這4個圖中老化最嚴重、缺水最嚴重的III。從現在起，請不要再使用保養品了。」

大部分女性聽到我這番話，都會大受打擊，這也情有可原。被專業醫生說自己的肌膚嚴重老化，不可能不感到受傷，因為這等於否定了她們長久以來在肌膚保養上所花費的時間、金錢及心力，以及這些日子的努力。有些女性甚至會生氣地說：「你讓我覺得自己像個笨蛋！」

由於我們從小就相信保養品對肌膚有益，一旦徹底斷用，內心自然感到不安疑惑、掙扎不已。再加上剛開始實行宇津木保養法，通常都會覺得皮膚乾到不行。

這是為什麼？因為長期使用保養品，皮膚的防禦能力已經遭到破壞，讓肌膚變得乾燥粗糙。

在這樣的皮膚上塗抹大量化妝水和乳霜，會讓皮膚表面看起來水嫩油亮，產生皮膚濕潤的錯覺，這是乳霜的黏稠掩蓋了肌膚的乾燥。一旦停止使用，在新的健康保護層回復之前，皮膚一定會覺得乾燥不適。

說到底，化妝水和乳霜之類的東西不過是粉飾太平而已，更別說還會傷害肌膚。

一旦斷掉保養品，它們所造成的假相就會被揭穿，肌膚很快就會變乾。乾燥粗糙的肌膚在失去化妝水或乳霜的掩蓋之後，赤裸裸地展現出來，有些人甚至還會產生皮膚脫屑的情形。

雖然這麼形容不太好，但就像前面說過的，許多人這時就會像毒癮發作一樣，忍不住地想往臉上擦保養品。

假如能熬過這段時期，肌膚不久一定會恢復健康，乾燥的情況也會改善。但很遺憾地，很多病患都忍不住，半途而廢了。在這個時期如果很想擦些什麼的話，塗一點凡士林是可以的，但若擦了其他的東西，一切就會前功盡棄。

只用清水洗臉，洗完臉後什麼都不擦，這種極簡的保養方式如果可以持續幾個月，一定會看到肌膚越變越美。這麼一來，心情也會跟著開心自在起來。

連我太太也逃不開保養品的魔咒？

其實，我太太在剛開始也不太能接受我推薦的保養方法。基本上她並不相信我說的話，但因為做丈夫的建議她「最好別再使用保養品了」，她也只好勉為其難地接受。

雖然看似忍耐了一段時間，但其實在過程中她還是有偷偷地使用保養品。

當我看到她的肌膚因為擦保養品又再度發炎，就問她：「為什麼又擦保養品了？妳看，好多小疙瘩又冒出來了！」

她就提出反駁。

「因為什麼都沒擦，皮膚好像要脫皮似的，我擔心到時候會長出一堆細紋嘛！」

「為什麼除了你之外，都沒人提倡這種保養方法呢？」

如此這般，我們夫妻還為此吵過好幾次。

的確，沒人提倡過這種斷食保養法。但我還是不斷鼓勵她。

「這麼做肌膚一定會變美，妳再忍耐一下，堅持下去！」

「沒擦乳霜，皮膚一定是乾爽的。因為肌膚本來就不該感覺黏膩，應該要乾淨清爽才對。」

或許是這個方法真的見效，過了兩三年後，我太太終於不再使用任何保養品了。

之後，她只化重點部位的妝，連粉底都不擦了，肌膚的保養也只是清水洗臉而已。她實踐這個保養法約有10年的時間，從斷掉保養品的第2年開始，她的肌理紋路就變得相當細緻，肌膚完全回復健康。

回想起當初剛開始的時候，我太太這麼說。

「剛開始幾個月，我內心都會十分掙扎，懷疑這麼做到底對不對。如果身邊沒有你鼓勵我、為我解答，我也許中途就放棄了。我覺得一定要有一本書，代替你給大家鼓勵跟解惑才對。」

以前，她每次出國都會買一大堆保養品回來，梳妝台上擺滿了各種昂貴的保養品，現在梳妝台上一瓶也沒有。她常常跟我道謝，說「看到自己的肌膚這麼健康光滑，真的很令人高興，重點是還這麼簡單。」

我倡導的這個保養方法，不花錢、不費工，更不花時間。

別被昂貴的保養品迷惑

我認為，大家無法斷掉保養品的原因之一，就是到處充滿誘惑。

比如朋友說：「這瓶乳霜雖然貴，但用一個月馬上見效，送給妳試試看吧！」

如果才開始嘗試讓肌膚斷食的「宇津木保養法」，特別是皮膚出現脫屑現象時，大概立刻就會被這瓶乳霜給誘惑了。

為了不受這些東西誘惑，也為了讓意志力能堅持下去，大家最好能先清楚了解只用清水洗臉的必要性，用真理來強化自己的毅力。

下一章，我們就先來了解皮膚的構造和功能吧！

Part 2

肌膚擁有神奇的再生力量

皮膚的運作機制神奇得不可思議，
自然生成的「自體保濕因子」，
比至今發明出來的任何保養品，
保濕效果都要強上百倍！
只要相信肌膚本身的力量，
就能長保肌膚美麗！

年過80，仍擁有細緻的棉花糖肌

到目前為止，我看過的所有病患中，皮膚最好的是一位年紀80多歲的老婆婆。她的肌膚白皙柔軟有彈性，雙頰還帶著淡淡的粉色，簡直就像瑩白粉嫩的棉花糖一樣。

據說她曾經有很長的時間，都使用經過處理的黃鶯糞便洗臉，這是從江戶時代就流傳下來的古老洗顏劑，只是後來越來越難找到了。到最後，她就只用清水洗臉，直到現在。即使化妝，也只擦可以用水卸掉的「天然水粉」。

化妝水和乳霜她一概不用，更不用說按摩或敷臉了。除了用清水洗臉之外，她完全不做任何保養。

也許是這位婆婆天生麗質，但年過80還能保有這樣的美肌，我相信是歸功於她不擦任何保養品的原因。

皮膚的運作機制神奇得不可思議，只要相信肌膚本身的力量，就算不額外使用保養品，也能長保肌膚美麗。

人體是奇蹟的組成——應該說，人類的存在本身就是一個奇蹟。而皮膚令人驚嘆的運作機制，又是另一個奇蹟。

人體的皮膚，扮演著保護身體表面、防止水分蒸發的重要角色。為了完成這個任務，皮膚細胞會從水中創造出保濕成分，就叫「自體保濕因子」。

全球的保養品公司花費無數金錢、時間及心力，開發出各種保濕成分，但不論哪一種，保濕能力都遠遠比不上肌膚自己製造的自體保濕因子，其效果甚至達不到人類本身肌膚所製造的保濕力的1％。

在效果超強的自體保濕因子中，強行加入人工油脂或乳霜，原有的天然保濕成分就會變得「不純」，讓肌膚本來的保濕能力下降。用效果低於1%的化學保濕成分，取代原來效果100%的自體保濕因子，肌膚怎麼可能「更好」，只會變得「更差」。

這一章，我們就來好好地探究皮膚構造，了解它如何創造世界絕無僅有的超強保濕機制吧！

肌膚的構造❶〈表皮與真皮〉

皮膚是人體最大的器官。如果將一個成年人的皮膚全部攤開，大約有一塊榻榻米的面積，重量是3到4公斤，是所有器官中最重的。第二大的器官是大腦，約1.4公斤；第三是肝臟，約1.2到2公斤。這麼比較，就能大概了解皮膚有多重了。

這個人體最大的器官，是由包覆人體表面薄薄一層的「表皮層」，和表皮層下方厚實的「真皮層」所組成。厚實的真皮層支撐著上方薄薄的表皮，就像是襯底一樣。皮膚的構造，就像在厚實的毛巾表面，貼上一層薄薄的膜。

表皮的厚度只有0·04～0·07公釐，大約是一層保鮮膜的厚度，是由5到10層的表皮細胞層層疊疊排列組成。雖然它是有生命的細胞層，但裡面並沒有供給細胞養份的血管，或排除老舊廢物的淋巴管。在這樣的環境下，無數的細胞還能夠持續地生長、活動，真是令人不可思議。

真皮層的厚度大約是表皮層的10倍，主要是由紮實又富有彈性的膠原纖維，和製造膠原纖維的纖維母細胞所組成。肌膚的彈性，就源自於這真皮的膠原纖維。

順便一提，我們用來做皮包或鞋子的皮，就是牛或其他動物的真皮。這樣，大家就能了解真皮有多堅韌了吧！此外，真皮和表皮不同，它裡面佈滿了交錯縱橫的血管和淋巴管，血管吸取養份，淋巴管則負責運送老舊廢物。

059

皮膚的構造

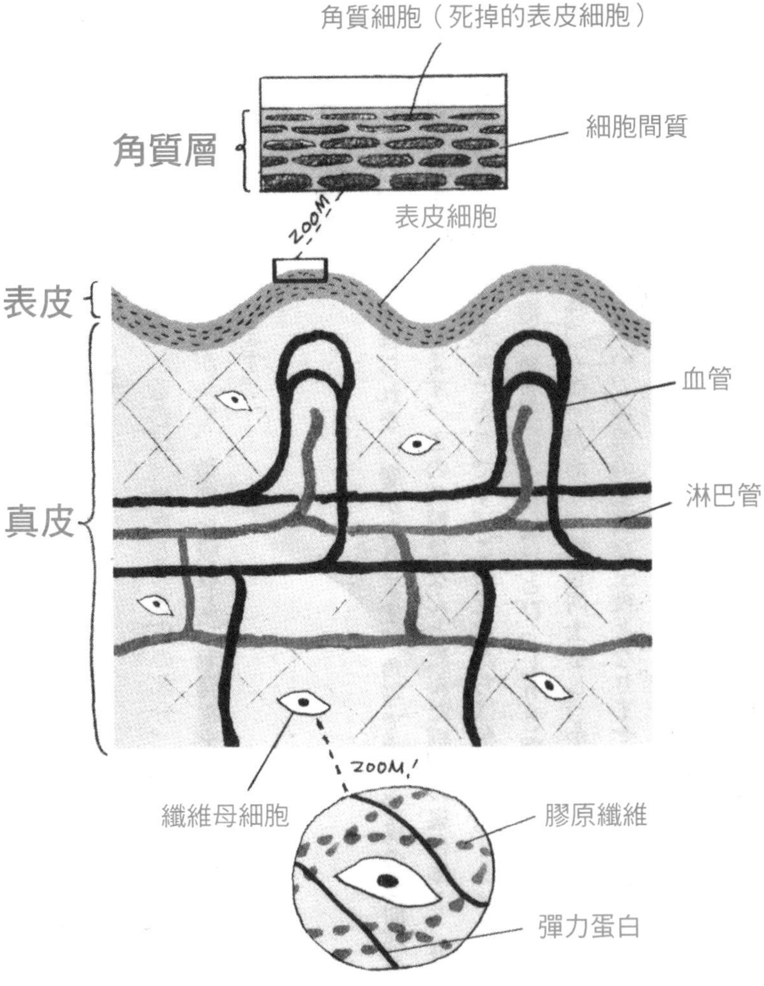
角質細胞（死掉的表皮細胞）
角質層
細胞間質
ZOOM
表皮細胞
表皮
血管
真皮
淋巴管
ZOOM!
纖維母細胞
膠原纖維
彈力蛋白

真皮也提供了每個人的手指紋跟腳趾紋。雖然它們都顯現在最外面的表皮層，但指紋的形成主要來自真皮和表皮的連接咬合。它們彼此連接的方式，形成了指紋的隆起，這些隆起的部份也是有功能的：當我們想拿起或感知細小物體時，可以增加彼此的磨擦力。所有人都有這些隆起，但因為每個人隆起的位置不一樣，因此每個人都有自己獨特的指紋。

另外，由於表皮本身沒有血管及神經，因此若只是輕微擦傷，並不會流血或覺得疼痛，也不會留下疤痕，正常情況下很快就癒合了。但一旦皮膚嚴重受損，影響到真皮層的時候，雖然纖維母細胞會製造出新的組織來修復損傷，但它的修復功能並沒那麼強大，因此修復後多少會留下痕跡。所以，只要是深及真皮層的傷口，難免都會留下疤痕。

肌膚的構造❷〈角質層〉

皮膚構造中還有一層絕不能忘，那就是「角質層」。它是表皮的表面，覆蓋在皮膚的最外側。角質就是死亡細胞的集合體，是表皮細胞死掉後所形成的，而這些又扁又硬的「屍體」，就叫做角質細胞。

角質層是由六角形或五角形的角質細胞，所一層一層緊緊堆疊起來，層數約有10層。每個角質細胞之間，都有油性的「漿糊」，讓細胞可以緊黏在一起。這個油性的漿糊，就叫做細胞間質，負責肌膚保濕的重要任務。細胞間質的主要成分，就是我們常聽到的「賽絡美」（Ceramide神經醯胺）。

皮膚科的教科書，常把角質層的構造比喻成「磚塊」和「水泥」。磚塊是角質細胞，水泥就是細胞間質。角質層可說是由磚塊（角質細胞）和水泥（細胞間質）堆砌而成的堅韌「堡壘」。

不僅如此，用電子顯微鏡觀察細胞間質的內部，可以看到油、水、油、水如此相互交錯的構造；而細胞間質裡，也像角質層一樣靠兩種性質迥異的「材料」形成屏障。細胞間質的保濕作用，也是源於這個構造。

就像這樣，角質層有雙重結構：一是角質細胞和細胞間質「磚塊＋水泥」的組合；一是細胞間質中「油、水」的組合。角質層就用這雙重結構的堡壘，將皮膚整個包覆，成為防止皮膚乾燥的保濕膜。

因為有了這個叫做角質層的保濕膜，體內的水分才不會輕易蒸發，外來的化學物質和異物也不容易侵入。角質層是保護皮膚的第一線，甚至可說是保護身體的第一線，它不但防止了身體水分蒸發，也更隔開了外來化學物質和異物的入侵，是強而有力的屏障。

由死掉的角質細胞構成、薄度只有0・02公釐的角質膜，卻擔負著如此重要的任務，實在是奇蹟。只有像角質層這樣「磚塊＋水泥」的構造，才能創造出這種奇蹟。

肌膚的構造❸〈新陳代謝〉

那麼，製造角質層的表皮細胞是從哪裡產生的？它的一生又是怎麼樣呢？

表皮層的最下方叫「基底層」，與真皮的交界呈現參差不齊的波浪狀。基底層中依序排列著基底細胞，又叫母細胞，那裡經常會進行細胞分裂，不斷地產生新的表皮細胞。

表皮細胞生成後，要花14天左右的時間才能到達角質層下方，並在那裡迎接死亡的來臨。表皮細胞的生命，只有短短的14天而已。

人死了，一切任務就隨之結束；但皮膚細胞的任務，卻從死亡的那一刻才開始。換句話說，它要直到死後，才能「正式登場演出」——化身成角質細胞，擔負起保濕防禦的重責大任。

而下面新生成的角質細胞，會繼續慢慢地推擠上面的角質細胞，經過大約10天到達最上層。這段時間，負責防禦機能的成熟角質細胞，會在皮膚表面待個3至4天，保護皮膚不至於乾燥並隔離外界刺激，然後變成皮垢脫落。接著，在下方待命的角質細胞立刻接棒，繼續前人的任務。

當任務完成的角質細胞最後變成皮垢脫落時，訊息就會傳回基底層，再次生成新的表皮細胞。

新陳代謝的架構

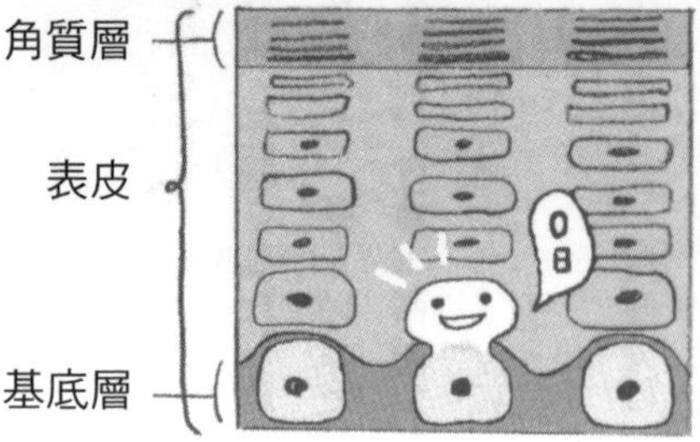

❶ 表皮細胞在基底層生成。

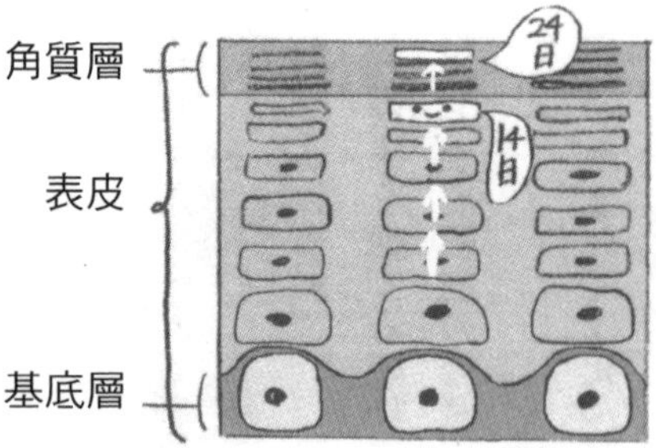

❷ 表皮細胞大約花費14天的時間被推擠到角質層下方，死亡的角質細胞大約10天左右到達角質層最上方。

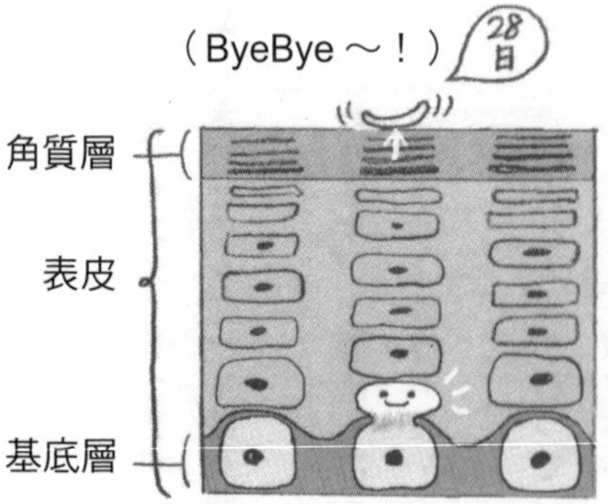

❸ 死亡的角質細胞在角質層表面待上3至4天，完成保護皮膚的任務之後，變成皮垢脫落。一個脫落後，下方的基底層會再生成一個新的細胞。

順便一提，我們的皮膚表面之所以能保持平滑，就是因為皮膚會控管角質細胞和表皮細胞增減，一個脫落才生成一個。

由上面的敘述可得知，我們的皮膚會不斷生成細胞，細胞死亡後又會有新的細胞遞補上來，這就是皮膚的新陳代謝。靠著這樣的新陳代謝，皮膚才能一直擁有新鮮的細胞，長保健康滑嫩。

怎樣才算是好膚質？

前面曾提過，只有皮膚表面的角質細胞脫落，訊息才會傳回基底層，再生出另一個新的細胞。

因此，要讓新的細胞生成，皮膚表面的角質細胞就必須順利脫落才行。

正常肌膚表面的角質細胞一旦接觸到空氣，就會和火烤後的魷魚乾一樣乾燥捲曲，變成皮垢自然脫落。

如果是正常的脫落，基底層就會依序產生新的細胞。於是表皮變厚，肌膚表面呈現飽滿的網狀紋路；同時肌理變深，四周的網眼看起來也飽滿有彈性。

但是，一旦肌膚擦了化妝水或乳液，表面就會變得黏膩，角質細胞無法乾燥捲起，導致難以脫落。這麼一來，就很難再生新的細胞。

由此可知，皮膚表面還是保持稍微乾爽比較好。

如果你身旁有個10幾歲、還未受到保養品「荼毒」的美肌女孩，可以摸摸她的臉。相信絕對不會是黏膩濕滑，而是乾淨清爽的感覺。角質細胞只有在那樣的狀態下，才最容易脫落。

10幾歲的健康肌膚，在沒擦任何保養品的情況下，只有流汗或太累導致交感神經緊張、皮膚出油。才會摸起來是濕潤的。

請記住，最好的皮膚不是「黏膩濕滑」，而是「乾淨清爽」。

肌膚的構造❹〈自體保濕因子〉

角質層是皮膚的保濕膜，作用在於防止皮膚的水分蒸發，同時防禦外來化學物質和異物的侵入。角質層之所以能有這樣的防禦機能，是由被喻為「磚塊」和「水泥」的角質細胞及細胞間質交相重疊，才堆砌成這樣堅韌又柔軟的堡壘。

那麼，這個了不起的堡壘，又是由什麼「材料」做成的呢？那就是前面屢屢提到的「自體保濕因子」。

被喻為「磚塊」的角質細胞，是由死掉的表皮細胞所形成的。表皮細胞裡有包含細胞核在內的種種物質，這些物質會轉化成角質細胞中的保濕成分，就是以氨基酸為主要成分的水溶性保濕因子，我們叫它「天然保濕因子」。

而被喻為「水泥」的細胞間質，則是以神經醯胺（賽絡美）為主要成分的「脂溶性保濕因子」。磚塊的水溶性天然保濕因子與水泥的脂溶性保濕因子相混合，就組成了「自體保濕因子」。

首先，我們來看看「磚塊」的原料——水溶性天然保濕因子。

當表皮細胞死亡變成角質細胞，細胞核等內容物就會被分解，這些物質隨著角質細胞被推向表面，也跟著慢慢產生變化，就像黃豆因酵素作用變成味噌一樣，慢慢地熟成，保濕能力也逐漸變強。直到成為皮垢前的最後 3 到 4 天，它們的保濕能力到達頂點。

同時，「水泥」的材料——細胞間質的內部，也隨著表皮細胞的死亡而開始變化。

雖然一開始還未成熟，但它們會隨著角質細胞一起被推向表面，隨著天然保濕因子一起達到熟成的最佳狀態，充分轉化成以神經醯胺為主要成分的脂溶性保濕因子。

像這樣，水溶性及脂溶性兩種自體保濕因子不斷熟成，在變成皮垢脫落前的3到4天，保濕效果達到了最顛峰。熟成的角質細胞大約有2到3層。它們位於角質層的最上層，主要負責角質層的防禦功能。當中的自體保濕因子所具備的超強保濕力，就算是幾10萬元保養品也無法望其項背。

舉例來說，角質層中的水分會結合多種氨基酸和蛋白質，變成類似電解液的一種成分。它不單單是純水，也不僅僅是電解質，而是一種結合氨基酸和蛋白質等成分、含有電解質的防凍劑。就算空氣中的相對濕度低到只剩10％，皮膚中的水分也不會蒸發；同時，即使氣溫降到零下

40度，皮膚中的水分也不會結冰。

多虧它的保護，就算在相度濕度只有10%的沙漠中行走，只要定時補充水分，皮膚就不會變得像木乃伊那樣乾枯；即使在零下40度的極寒之地活動，皮膚表面也不會結冰或是一動就裂開。

細胞間質也一樣，它的主要成分除了神經醯胺，還包含膽固醇和遊離脂肪酸等物質。單以神經醯胺來說，就是由多種神經醯胺以完美比例組合而成。

人工製造的乳霜，頂多只含有一、兩種的神經醯胺，根本無法取代以複雜比例組合而成的細胞間質。因為成分不純，人工乳霜反而會破壞這種微妙的完美比例，同樣的道理也適用於天然保濕因子。

保濕因子的形成

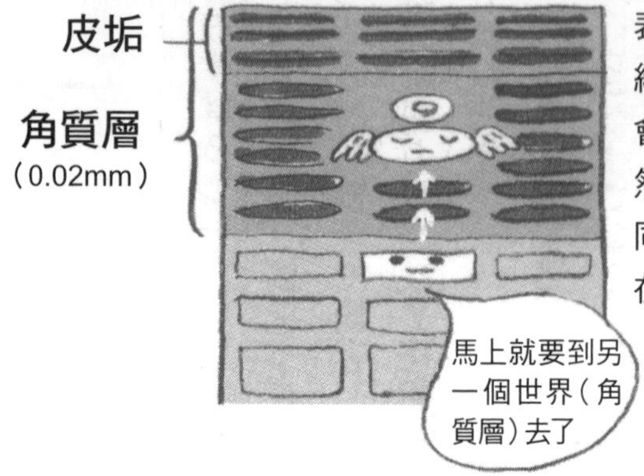

表皮細胞死亡變成角質細胞後，細胞裡的物質會漸漸熟成，轉成「天然保濕因子」。
同時，「細胞間質」也在進行熟成……

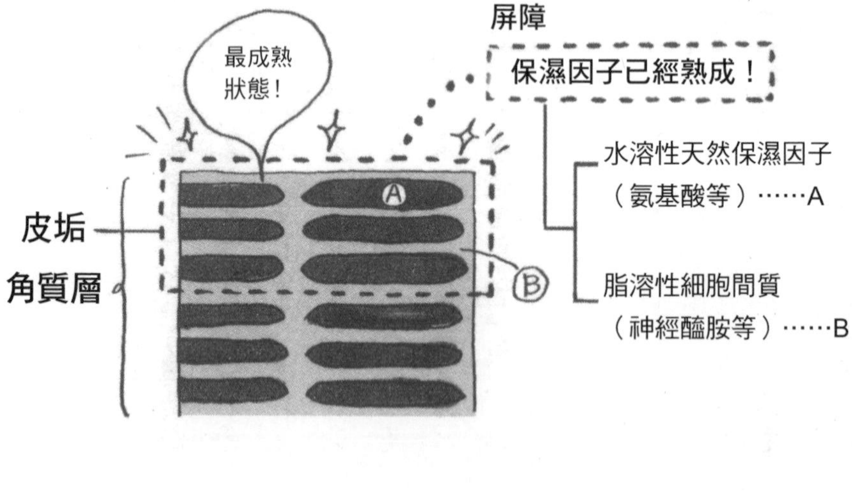

不過，再厲害的自體保濕因子，也需要正確的結構才能發揮效用。假設真有一款保養品，使用了和自體保濕因子完全相同的成分，依一模一樣的比例製作，也無法提升肌膚的保濕力和防禦力。就像砌牆一樣，不是把磚塊及水泥等材料隨便混合，就能完成一道牆。

因此，像「肌膚不足的成分，可透過保養品從外補充」這種想法，不僅漠視了自體保濕因子的超強能力，更否定了角質層的神奇結構，只能說是可笑至極。

肌膚的構造❺〈皮脂〉

過去曾認為，肌膚水分是由皮脂在肌膚表面與汗液混合成的皮脂膜所負責保護，但這種論點早在30多年前就已遭到否定。

皮脂是由皮脂腺所分泌，而皮脂腺大都分布在毛髮根部。皮脂其實是人體過去的濃密皮毛退化後，所殘留下來的東西。

皮脂能使毛髮柔軟，因為有它，毛髮才不會糾纏打結。說是皮脂，不如說是毛髮油脂更來得貼切。

不過，過多的皮脂卻會對肌膚產生危害。當皮脂隨著時間氧化，就會變成過氧化脂質，也就是變得腐壞，而腐壞的脂肪會刺激皮膚、引起

皮膚和皮脂腺

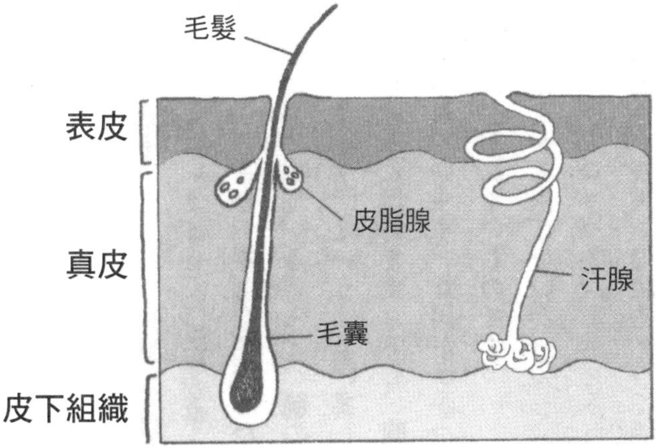

發炎。如果情形不斷重覆，將會對組織造成慢性的傷害。

只要觀察身體上皮膚最好的部位就知道，像手腕內側、大腿內側或胸部等，全都是毛髮較少的地方，這就是証明。因為毛髮少、皮脂腺也少，因此分泌的皮脂量也變少，減輕了過氧化脂質對皮膚的傷害。因此，這些部位才能保有細緻的美麗肌膚。

臉部、背部、臀部等皮脂腺分佈較多的地方，和其他部位比較起來肌理較粗大，皮膚稱不上漂亮。皮脂分泌得越多，皮膚就越容易受到腐壞皮脂的傷害，這是肌膚好壞與否的重要因素之一。

「因為臉部一直曝曬在外面，手腕內側卻有衣物保護，所以臉部肌膚才會不夠細緻吧？」

這麼說也「合理」。但不管是手腕、大腿內側或胸部，都經常承受衣物的摩擦，這對皮膚來說也是一種負擔，但這些部位卻依然細嫩光滑。

「因為它們幾乎都沒有曬到太陽。」或許也有人會如此反駁。

既然如此，就請大家看看歐洲人吧！他們非常喜歡把自己曬黑。在夏天豔陽高照的時候，他們會伸展全身在陽光下做日光浴，連手臂內側也會特地舉高，讓每一吋皮膚都曬到陽光。儘管如此，他們的手腕、大腿內側，還有胸部還是比其他部位細緻。

即使是從小幾乎不曬太陽的人，其全身的肌理紋路仍會有同樣的明顯差異。

皮脂是形成皮脂膜的主要原料，也具有保濕功效，但它的保濕效果還不到全體的1%。皮膚的保濕功能有99%都源自於自體保濕因子。皮脂不但對保濕的貢獻幾近於零，甚至還會對皮膚造成傷害。

肌膚的構造❻〈共生菌的作用〉

儘管肌膚是用本身的力量保護自己，但也不能忘記一群可靠的幫手——那就是「共生菌」。

人體內存在著眾多種類繁複的細菌，我們稱之為「共生菌」。人體讓這些細菌有地方棲身，這些細菌就「貢獻」自我的力量做為回報。可以說，人體和共生菌是屬於共存共榮的緊密關係。

共生菌也存在於皮膚，尤其是毛孔的最深處。

它們最主要的作用，就是保護皮膚遠離黴菌、酵母菌和其他細菌的侵害。共生菌以我們的皮脂和汗液為食物，然後排出酸性物質，藉此讓肌膚常保在弱酸狀態。

黴菌、酵母菌和其他細菌都喜歡鹼性的環境，而皮膚因為有了共生菌，得以維持在弱酸狀態。因此害菌無法存活，同時也無法入侵。

不過，共生菌的效用不僅如此，它們還有其他重要的功用。比方說，提供讓表皮活化的養份。

前面曾經提過，皮膚表皮沒有血管及淋巴管。

有研究認為，表皮細胞的養份供應來源，很有可能是真皮層所滲透的組織液，以及存在於毛髮根部、汗腺等處，與表皮細胞相連的共生菌。

其實，皮膚的共生菌不斷在進行各種代謝，已是眾所周知的事實。

保養品會破壞肌膚再生

將角質層放大，就能看到上面佈滿了網狀的紋路。這就是肌膚的肌理，又叫做皮溝。

這個皮溝，也就是所謂的「肌理」，是如何在角質層表面形成的呢？用顯微鏡觀察真皮層和表皮層的交界，可以看到真皮與表皮相互交錯咬合，呈現參差不齊的波浪狀。角質層的表面，也隨著這個波紋，形成凹凸不平的肌理紋路。

當肌膚健康，角質層的肌理紋路會呈現深溝，表皮和真皮也會緊緊地咬合在一起。一旦肌理紋路變淺，表皮和真皮咬合的程度也會變淺。

083

肌膚的肌理

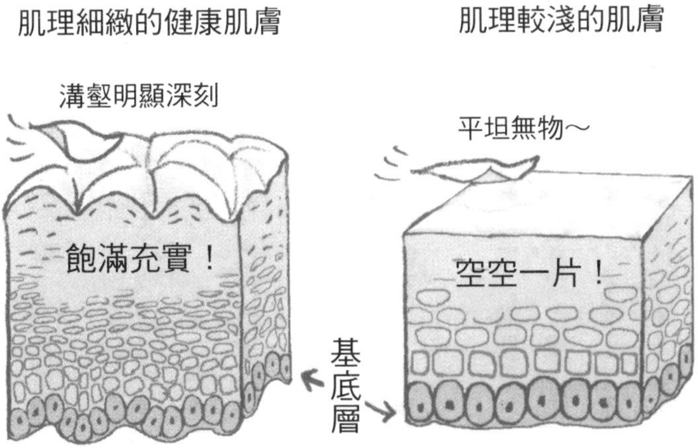

而沒有肌理紋路的肌膚，其表皮和真皮的交界則是平坦無波。

表皮和真皮的交界處，正好是製造表皮細胞的基底層。如果基底層一片平坦，基底細胞的數量就會變少，進而讓新生的表皮細胞和角質細胞數量變得不足。

這麼一來，皮膚會緊縮、失去彈性，細胞處於相互拉扯的狀態，讓皮膚繃得死緊，肌理紋路因此消失不見——

這就是皮膚萎縮後的慘狀。

但是，基底層只會在角質細胞變成皮垢脫落後，訊息回傳，才開始製造新的表皮細胞。如果角質細胞無法脫落，就不會再生新的細胞，最後造成細胞數量不足，全體皮膚變得緊繃平坦，呈現無肌理的萎縮狀態。

由此可知，我們人體肌膚的調節，完全由皮膚表面死亡的角質細胞負責。

如果角質層受損，保濕膜和防護膜遭到破壞，皮膚的表皮、真皮就會變薄，使皮膚整體跟著變薄。

一旦皮膚變薄，膚色就會看起來暗沉，也容易出現小細紋，而皮膚下方的血管和肌肉也容易透出表面，造成色斑。

而使用保養品，就會破壞角質層、影響肌膚再生，使皮膚全體受到波及。

如果以為「表面的塗抹不會影響到肌膚裡層，應該不要緊」，那可就大錯特錯了。因為皮膚表面最上層的角質層，正是負責調節整體的肌膚狀態，因此正確的保養方法非常重要。

而全球大部分女性都深信不疑的日常保養，有許多其實是對肌膚有極大傷害的。

【Column】

腸內細菌和共生菌

人體中每天都有不計其數的細胞汰舊換新。在細胞進行新陳代謝的過程中，必須用到各式各樣的營養素，這些並無法單靠攝取的食物供應。

我們的身體之所以能每天產生充足的營養素供細胞使用，都要歸功於腸內細菌。唯有靠著這些 60 至 100 種、數量多達 100 兆個的腸內細菌同心協力，才能製造出身體欠缺的營養素。

舉例來說，只吃牧草的牛，也需要蛋白質，細胞才能進行新陳代謝。就算牛沒有攝取肉類或豆類，腸內細菌也會努力製造氨基酸和胜肽（peptide）等蛋白質原料。而獅子雖然只吃肉，牠的體內還是擁有足夠的維生素和礦物質，這都要歸功於牠們活躍的腸內細菌。

看到腸內細菌的神奇效用，不難想像那些充滿毛孔等處、為數眾多的共生菌，對肌膚具有多大的好處。不只能防止其它壞菌入侵，或許也和腸內細菌一樣，還負責提供皮膚必要的營養。

Part 3

「保養品」危害肌膚的真相與謊言

我們每天都在用這些東西傷害肌膚：

1. 水分（破壞肌膚）
2. 油和界面活性劑（破壞表面防護）
3. 防腐劑（殺死常在菌）
4. 摩擦搓揉（傷害肌膚）
5. 過度清潔（破壞表面防護）

你知道保養品的 5 大害處嗎？

了解肌膚的構造和功用後，接下來，就要看看保養品對肌膚的害處。

再昂貴的保養品，對於保濕效果世界第一的自體保濕因子來說，都只是沒有用的「雜質」。因此，什麼都不擦對肌膚才是最好的。但是，大部分的女性卻仍然一直在使用完全相反的保養方法，讓她們的皮膚變得乾燥、暗沉，黑斑和面皰也越長越多。

本章就要來具體探討一下，依賴保養品的保養方法，到底會對肌膚造成怎樣的危害和負擔。

使用保養品對肌膚的害處有：

❶水的危害❷油和界面活性劑的危害❸防腐劑的危害❹摩擦搓揉的危害❺過度清潔的危害

接著，就來一一探討這5大害處吧！首先，從水的危害開始說明。

水的危害

○為什麼洗手後，都會不自覺地想擦乾？

我想，聽到水對肌膚有害，應該很多人都會覺得意外。因為雜誌、電視和保養品專櫃，都不斷地強調「補充水分是肌膚保濕的重要關鍵」。可是，水對肌膚不好的證據，其實早就存在於我們日常生活的習慣之中了。

平常，如果手或臉沾到了水，大家都會怎麼做？我想，應該都會下意識地立刻擦乾吧！但是，如果水是對肌膚好的東西，為什麼我們會想要立刻擦掉呢？

如果從外面補充水分可以讓肌膚變水嫩，那麼在洗完臉或洗完澡後，就不該馬上擦乾，而是保持原狀才對。像「洗完臉後，讓水留在臉上約

2分鐘可達到保濕效果」之類的美容方法，應該也會廣為流傳才對。

可是，我們卻從未聽說過這種方法。

這是當然的。因為附著在皮膚表面的水分，會破壞皮膚的保護功能。皮膚是人體的保護膜，具有防止體內水分蒸發、阻擋外部化學物質入侵的功用。如果一直有水分殘留或對肌膚「補水」，肌膚的防禦能力就會遭到破壞。人類與生俱來就知道這個事實，才會本能地擦掉附著在手上或臉上的水。

○保濕化妝水對肌膚是雙重傷害

的確，連香粧品學（專門研究護膚美髮用品的學科）的教科書，都寫著化妝水可以補充肌膚水分、保持肌膚濕潤；保養品公司在販售化妝水時也這麼說。

但是，化妝水也好、水也好，其實都沒有潤澤肌膚的功用；不僅如此，反而還會使肌膚變乾燥。因為水會傷害肌膚表面，而化妝水大約90％的成分是水。

那麼，水是怎麼傷害肌膚表面的呢？

皮膚自製的自體保濕因子之一——「天然保濕因子」跟水是完全不同的東西，它結合了多種氨基酸和蛋白質分子，變成類似電解液的存在，因此可以潤澤肌膚，並防止皮膚中的水分蒸發。

而化妝水當中所含的就僅僅是水而已，不僅不能保濕肌膚，還會隨著時間蒸發。皮膚表面的水分一旦蒸發，就會像濕報紙風乾後變皺變翹一樣，最上層的角質細胞會捲翹剝離、浮在肌膚表面。也就是說，原本正常的皮膚表面被破壞了。

當最上層的角質細胞捲翹剝離，皮膚裡的水分就會慢慢自空隙中蒸發，使肌膚變乾燥。由此可知，化妝水不但無法保濕肌膚，反而會讓肌膚變乾。

「但化妝水中除了水分，還加了玻尿酸等成分，應該有助於保濕才對。」——稍微對保養品有些了解的女性都會這麼想。

然而，這個誤會可大了。

化妝水約有90％是水，除去防腐劑、香精，很多化妝水還添加了玻尿酸或膠原蛋白等保濕成分。

那麼，添加了玻尿酸和膠原蛋白等所謂的「保濕成分」之後，是否就能保濕了呢？很遺憾，它們比單純的水還容易讓皮膚乾燥。

如果只是水，沾到皮膚表面上很快就會蒸發掉；一旦加入玻尿酸和膠原蛋白等「增稠劑」，水分就沒那麼容易蒸發了。當水分停留在皮膚上的時間越長，皮膚表面附著的水分就越多，這麼一來，蒸發掉的水量就會多好幾倍。大量的水分一下子蒸發掉，比一點一點蒸發更傷害肌膚，角質細胞也會變形得更嚴重，對肌膚防護造成巨大傷害。

不僅如此，當水分蒸發掉之後，玻尿酸和膠原蛋白還會變成粉末殘留在肌膚表面，讓肌膚變得更乾燥、更糟糕。

這是怎麼一回事呢？其實玻尿酸和膠原蛋白都是固體，磨成粉後才加至保養品裡。這些粉末在化妝水中溶解，就讓化妝水變成濃稠的液體，像太白粉加到水裡勾芡一樣。

勾了芡的水，遲早還是會蒸發光。化妝水擦在皮膚上經過 2 到 3 個鐘頭後，水分就蒸發得差不多了。這時，玻尿酸和膠原蛋白就會變回原來的粉末狀。

由於粉末會促進水分蒸發，殘留在皮膚表面的水分這時會蒸發得更快，最後反過來吸收皮膚內部的水分。

095

化妝水的秘密

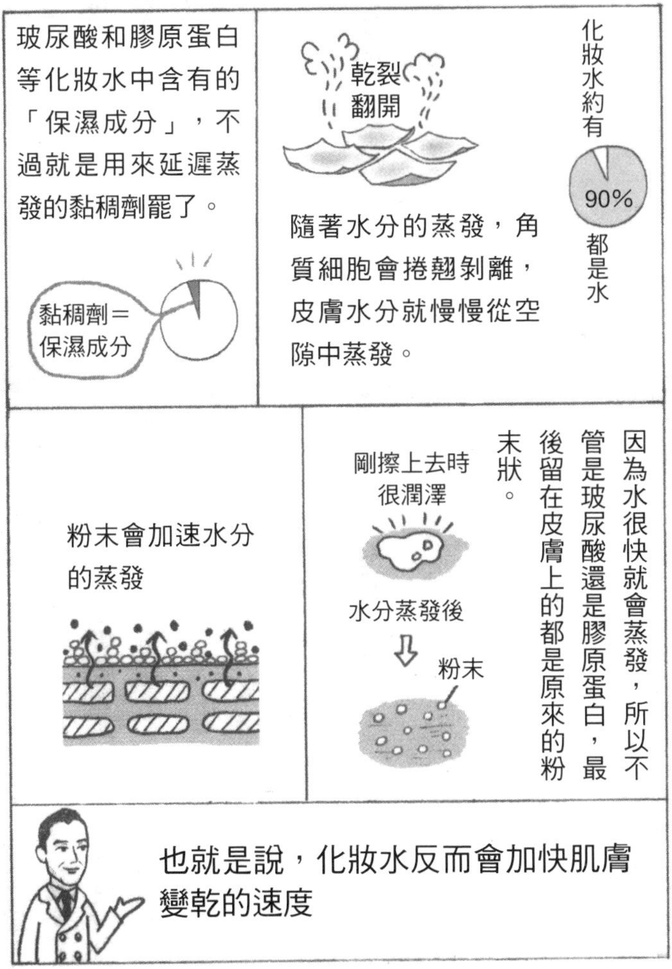
玻尿酸和膠原蛋白等化妝水中含有的「保濕成分」，不過就是用來延遲蒸發的黏稠劑罷了。
黏稠劑＝保濕成分
乾裂翻開
化妝水約有
90%
都是水
隨著水分的蒸發，角質細胞會捲翹剝離，皮膚水分就慢慢從空隙中蒸發。
粉末會加速水分的蒸發
因為水很快就會蒸發，所以不管是玻尿酸還是膠原蛋白，最後留在皮膚上的都是原來的粉末狀。
剛擦上去時很潤澤
水分蒸發後
粉末
也就是說，化妝水反而會加快肌膚變乾的速度也就是說，玻尿酸和膠原蛋白這些被當成是保濕成分的東西，不只會讓化妝水變黏稠、讓水分留在皮膚表面的時間更久，對肌膚造成更多危害；等水分蒸發掉，它們還會變成粉末繼續留下來傷害肌膚……等於是對肌膚造成了雙重傷害。

○玻尿酸和膠原蛋白讓肌膚變更乾

粉末具有促進水分蒸發的特性，這一點從嬰兒爽身粉的功效就可以明白。

在皮膚表面灑上粉末能加速水分蒸發，所以我們都會幫嬰兒灑些爽身粉來預防尿布疹。

當皮膚因流汗或尿液而經常處於濕熱狀態，就會長濕疹，這時若在皮膚表面灑上粉末，水分就會被迅速吸收、蒸發，讓肌膚快速乾爽。在臉部肌膚表面塗抹保濕化妝水，效果就等同於灑上嬰兒爽身粉一樣。

「玻尿酸和膠原蛋白粉末會讓肌膚變乾」這個事實，我曾親眼見證過。

前面也提過，我曾經有段時期一心想研發出對病患有益的保養品。我知道維他命C對肌膚很好，所以研發了一款添加維他命C的化妝水。由於維他命濃度越高效果越好，所以我用1比10的比例將維他命C粉末溶於水中，製成一款維他命C濃度高達10％的化妝水。可是病患都抱怨說：「皮膚上有粉屑」，於是我將濃度調降至7％，結果還是不行。

當我發現維他命C粉末會讓肌膚得更乾，為了讓水分不易蒸發，便加入了玻尿酸和膠原蛋白，可是這麼做之後，病患告訴我：「醫生，我的皮膚乾燥情況變得更嚴重了。」

玻尿酸和膠原蛋白的分子量比嬰兒爽身粉要大得多，其分子相互連結成鏈條般的高分子聚合物，與其說是粉末，倒不如說它們更像溶於水中的棉屑，黏性更強。

我在前面已經一再強調，黏膩濃稠的液體會延長水分蒸發的時間，但不管時間再怎麼延長，水分遲早還是會蒸發。當水分不見後，大量的粉末就會殘留在皮膚表面，更加劇了肌膚乾燥的速度。

既然如此，每當擦了保濕化妝水就覺得皮膚變得潤澤水嫩，又是怎麼回事呢？

那是化妝水中的玻尿酸和膠原蛋白所產生的滑膩感，讓肌膚摸起來光滑、濕潤，但這些都只是錯覺。玻尿酸和膠原蛋白的光滑觸感，會隨著化妝水的水分蒸發而消失不見，之後就會因乾燥而讓肌膚更加緊繃。

因為如此，保養品廠商才會教大家擦完化妝水後，接著塗乳液或乳霜來「遮掩」。

玻尿酸和膠原蛋白是皮膚的重要成分，在組織中擔負著保持水分的任務，所以印象中它們對美容和健康都是有助益的。可是，把它們擦在肌膚表面只會讓肌膚變乾燥，一點意義都沒有。

不過，因為擦上去的瞬間會產生濕潤感，所以它們常被當作增稠劑使用，或是被用來提升產品形象。

另外，有一種添加了收斂劑的收斂化妝水，號稱可以達到讓肌膚緊實的效果。所謂的收斂劑就是酸性物質，它會使皮膚表面的蛋白質凝固，就像用醋醃肉一樣讓肌膚表皮瞬間緊縮。

也許短期來看效果還不錯，但長時間使用下來，它對肌膚一定會造成嚴重的傷害。

油和界面活性劑的危害

○乳霜的界面活性劑，會破壞肌膚防禦力

皮脂會隨著時間逐漸氧化，變成對肌膚有害的過氧化脂質，所以一定要將它充分洗乾淨才行。皮脂洗乾淨之後，一定要再塗上乳霜（或護膚油）代替它幫助皮膚保濕，這是非常重要的——以上是保養品廠商的說法。

保養品廠商生產的乳霜或護膚油，或許擁有與皮脂相同的保濕效果。但是，如果皮膚原有的保濕能力是100分，皮脂的效果就連1％都不到，這早已獲得了證實，保養品廠商主張的保濕理論根本站不住腳。

以皮脂為樣本所製作的乳霜，和皮脂一樣幾乎沒有保濕能力，但它對皮膚的危害卻比化妝水更甚。因為乳霜中含有的界面活性劑，會破壞

恐怖的界面活性劑

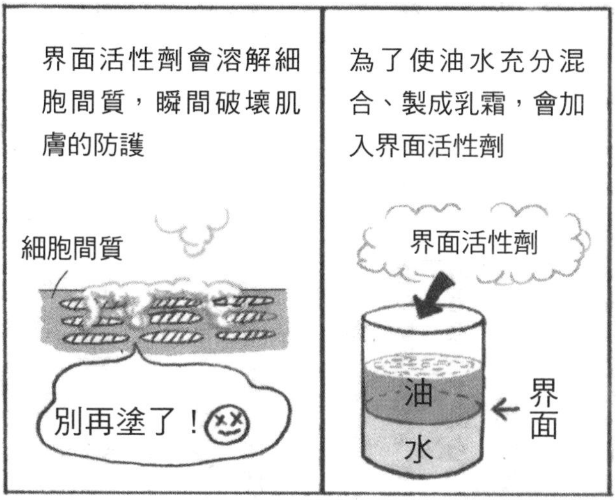
界面活性劑會溶解細胞間質，瞬間破壞肌膚的防護
細胞間質
別再塗了！
為了使油水充分混合、製成乳霜，會加入界面活性劑
界面活性劑
油
水
界面

「磚塊＋水泥」的防禦構造，破壞角質層本身的結構。

乳霜是由油水混合製成。本來水和油是無法相溶的，因為加了界面活性劑，兩者才能混在一起製成乳霜。

如前所述，角質層是由死掉的角質細胞及細胞間質堆積而成。角質細胞中含有氨基酸等水溶性保濕成分，細胞間質中則含有以神經醯胺為主的脂溶性保濕成分，兩種共同形成肌膚的「自體保濕因子」。

這兩種保濕成分以所謂的「磚塊＋水泥」結構，形成強韌又柔軟的「堡壘」。

而細胞間質也是以「水、油、水、油……」的構造，層層交錯成一道保濕屏障。

角質層就是利用這樣的雙重結構，防止皮膚水分蒸發，並抵禦外來化學物質和異物的入侵。

可是，乳霜瞬間就能破壞角質層內的自體保濕因子「磚塊＋水泥」的完美結構，以及細胞間質中「水、油、水」的防禦構造。

一旦失去這層防護，肌膚當然會變乾燥。

保濕乳霜反而使肌膚變乾，說起來真是諷刺。

○「美容成分」是造成發炎的元凶

乳霜帶來的問題，並不是只有乾燥而已。乳霜中還添加了各種號稱「美容成分」的東西，擦到皮膚上後，當中的油質、界面活性劑及「美容成分」會從毛孔滲入皮膚，這些成分很快會氧化酸敗，變成有害的氧化物。然後，周圍的皮膚組織會將這些氧化物視為異物，產生排斥反應，造成發炎。

如果毛孔反覆發炎、泛紅，最後就會變成慢性問題，增加黑色素沉澱，讓表皮變褐色。再持續下去，最後就會形成黑斑及暗沉。

用顯微鏡觀察那些使用過多種乳霜的人，會發現她們的肌膚，幾乎所有毛孔周遭都出現了發炎症狀。

情況嚴重的人，毛孔會變得像坑洞一樣，這是由於其肌膚表皮的「襯底」——真皮中的膠原已經被溶解了。

原本乳霜和軟膏在皮膚科的用途，就是破壞肌膚的防護層，讓藥滲

發炎的過程

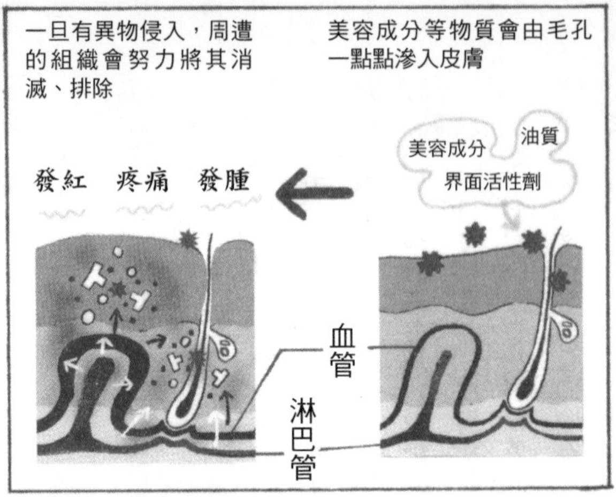
一旦有異物侵入，周遭的組織會努力將其消滅、排除
美容成分等物質會由毛孔一點點滲入皮膚
美容成分
油質
界面活性劑
發紅　疼痛　發腫
血管
淋巴管

入皮膚中。效果強度依序是：乳霜↓軟膏↓凝膠。如果想讓藥劑確實滲入皮膚裡層、治療皮膚病，用乳霜與藥劑混合治療效果最好。

不過，由於乳霜破壞皮膚防護的效果太強，皮膚很容易因這些破壞及刺激出現發炎的副作用。因此，只有在藥效帶來的利大於乳霜對皮膚造成的弊時，醫生才會選擇使用乳霜。

然而，我們使用保養品

的目的，並不是為了治療皮膚病。既然如此，為什麼大家要每天用乳霜故意破壞肌膚的防護，讓它紅腫發炎呢？這就是我希望大家思考的問題。

○乳液、精華液、護膚油，全都對肌膚有害

那麼，像山茶花油、角鯊烯精華油（squalene Oil）、馬油、荷荷芭油及橄欖油等純油又如何呢？這些都不含界面活性劑，或許比乳霜來得好一點。但因為油會溶於油中，如果用量少，它們會溶入細胞間質中，被皮膚組織視為雜質引發排斥反應；如果用量多，它們就會直接將細胞間質整個溶解掉。

長時間使用護膚油的可怕之處，就是讓皮膚變黑的「油曬現象」。

長期使用護膚油，皮膚會萎縮變薄。為什麼呢？我們前面提過，只有當角質細胞變成皮垢後脫落，訊息才會傳回基底層，生成新的基底細胞。但護膚油會讓皮膚變得黏膩，使角質細胞難以脫落，基底層就很難

再生新的細胞。新的細胞無法生成，新陳代謝降低，皮膚自然就變薄了。

此外，護膚油會隨著時間氧化，變成氧化物。這些對皮膚而言都是異物，會引起皮膚發炎，一旦變成慢性症狀，黑色素會增加，膚色就會變得暗沉。再加上長時間使用護膚油的人，肌膚會變薄，皮下的肌肉或血管都會透出來，讓皮膚看起來變黑——這就是所謂的油曬現象。

那麼，乳液或精華液這類的保養品呢？它們和界面活性劑及護膚油一樣，都會溶解自體保濕因子，破壞肌膚的防護。

明明是為了讓肌膚變美才使用保養品，但這些花費時間金錢買來的乳霜、乳液、精華液或油質保養品，卻會對肌膚造成巨大的危害，不但會溶解、破壞肌膚的防護層，讓肌膚變乾，更會引起紅腫發炎，進而造成黑斑及暗沉。

在我的病患裡，越是對保養熱衷的人，其肌膚的狀況就越是慘不忍睹，這都是保養品害的。

可怕的眼霜

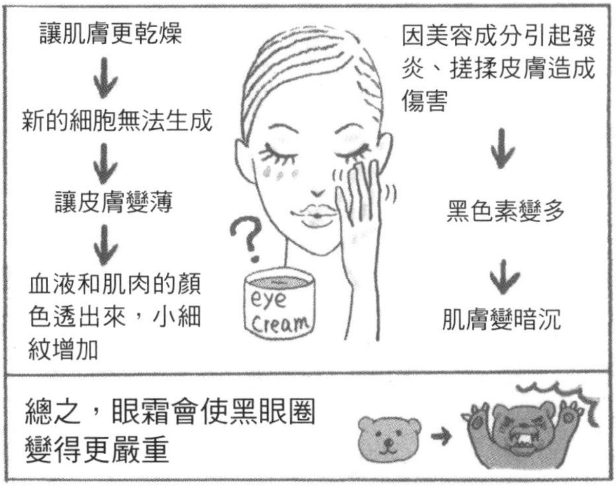
讓肌膚更乾燥
新的細胞無法生成
讓皮膚變薄
血液和肌肉的顏色透出來，小細紋增加
因美容成分引起發炎、搓揉皮膚造成傷害
黑色素變多
肌膚變暗沉
eye Cream
?
總之，眼霜會使黑眼圈變得更嚴重

上千個案例顯示，只要停止使用這些保養品，肌膚乾燥的情形就能解決，發炎的症狀也會即刻停止！

○眼霜讓黑眼圈變深

眼霜是用來改善眼周細紋、黑眼圈的保養品，卻和乳霜一樣，都含有界面活性劑和油質，不但會溶解自體保濕因子，使肌膚的防護機能下降，更會讓肌膚變乾燥，增加小細紋。

不只如此，這些界面活性劑和油質對肌膚而言都是異物，一旦滲透進去就會引起發炎，加上塗抹時還會搓揉肌膚，這兩者都會使眼周皮膚的黑色素加深，進而使黑眼圈變得更嚴重。

擦上眼霜的當時，會覺得眼周皮膚濕潤光滑，小細紋也明顯消失，但這些都只是暫時的假象。眼霜擦越多，肌膚就會變得越乾燥，到最後基底層就難以再長出新的細胞。

這麼一來，肌膚就會變薄，皮下肌肉和血液的顏色就會透到表面——黑眼圈的灰紫色或灰黑色，其實就是從變薄的皮膚裡透出來的肌肉和血管的顏色。

換句話說，眼霜使皮膚變薄造成小細紋增加、皮膚顏色變紫，同時也引起發炎讓黑色素增生，這 3 個弊害反而使黑眼圈的情況更嚴重。

○身體需要一定的紫外線

隨著夏天到來，很多女性就算是出去倒個垃圾也會擦防曬，只要出門在外，防曬乳是絕對少不了的，甚至從頭到腳都包著有防紫外線處理的衣物，防曬做得十分徹底。

這簡直就像把自己關進黑暗的洞穴一樣，但是，真的有必要將紫外線這麼視為眼中釘嗎？答案是：NO！

紫外線的確會讓肌膚產生黑斑、老化，但從另一個角度看，它對身體也有一定的必要性。紫外線有個最重要的工作，就是製造維他命D。維他命D和鈣，都是骨骼生成不可或缺的營養素，同時也是近來眾所周知的回春維他命。每天用防曬完全將紫外線阻隔在外，只會讓骨骼變得脆弱不堪。

阿拉伯婦女每天都包著黑罩袍，又隨時將臉藏在面紗之下，幾乎接觸不到紫外線，因此大部分婦女到了六、七十歲都有骨質疏鬆的問題。

就算不像阿拉伯婦女那樣整日包著，女性停經後雌激素會急遽減少，體內的鈣質也會跟著變少，和男性比起來更容易罹患骨質疏鬆症。所以，就算是為了預防骨質疏鬆，女性也應該要接觸一定程度的紫外線才對。

再者，可到達地球表面的太陽光線有許多種，紫外線只是其中一種。地球表面會接收各種波長不同的光線，其中也包括與除斑雷射波長相同的光線。甚至有些到達地表的光線，其除斑效果說不定比雷射還更好。

雷射並沒辦法完全去除黑斑，它或多或少都會殘留一些淡淡的色素。可是，我曾經見過幾個接受雷射除斑的女性，她們在夏天曬黑後，原本雷射治療留下的淡斑竟然不見了。這個實例告訴我們，太陽光線中某種高波長的光，可能比現在的雷射更具除斑效果。

○防曬產品比紫外線更可怕？

說到紫外線，就會提到防曬產品，防曬產品確實具有隔絕紫外線的效果。

可是，它也有它的壞處。大多數防曬產品都是添加界面活性劑的乳狀物，不但會破壞肌膚防護機能、使肌膚變乾燥，還會造成紅腫發炎，就跟乳霜一樣。

而添加了紫外線吸收劑的防曬產品一旦照射到紫外線，吸收劑就會變成有害成分，引起發炎。

還有，擦防曬品時難免會搓揉肌膚，卸掉時也一樣。經常搓揉肌膚會增加發炎的機會，黑色素也會變多，如此一來，斑點長出來了，皮膚也會變得暗沉，對肌膚造成的傷害反而更大。

在判斷是否使用防曬品時，一定要仔細衡量一下這些害處才行。

我問過幾位研究紫外線的學者，他們都不約而同地說：「如果是東方人，日曬時間超過15分鐘最好擦防曬；但如果不到15分鐘，不擦對肌膚比較好。」

比如說，從車站走到公司只要10分鐘，這樣的距離就不需要擦防曬來破壞肌膚的保濕機制。這麼短的距離就擦防曬，等於是故意傷害肌膚一樣。如果短時間曝曬在紫外線下會讓你感到不安，只需戴個帽子或撐把傘做防護就行了。

紫外線與皮膚癌的關連眾說紛紜，但我們黃種人的皮膚和白種人不同，罹患皮膚癌的情況並不多見。拿著白種人的數據硬套到自己身上，連不需要的時候也拼命擦防曬，這種行為只會讓肌膚變糟，同時對肌膚造成慢性的傷害。

○等同顏料的恐怖產品❶粉底

粉底能讓皮膚看起來明亮有光澤，還能遮蓋肌膚的斑點、暗沉和膚色不均。可是，這些讓肌膚看起來更美的粉底，會因為種類的不同，對肌膚造成不同程度的危害。

如大家所知，粉底的形態大致可分為三種：❶乳狀或液狀；❷固體塊狀；❸粉狀。固體塊狀和一部分粉狀的粉底，會經壓縮處理後置於粉餅盒內，前者摸起來感覺濕潤，後者摸起感覺乾爽。

乳狀或液狀的粉底，都是用界面活性劑將油質和水分混合後製成；固體塊狀的粉底則是用油質等成分製成。

與乳、液狀或塊狀粉底相比，粉狀的粉底在製作過程中幾乎或完全不使用油質及界面活性劑。

原本，乳狀或液狀的粉底就是給肌膚狀況不佳、完全失去肌理的人使用。

當皮膚肌理完全消失，使用塊狀或粉狀的粉底一下子就會脫妝，但如果將粉末混到乳脂狀的「黏著劑」裡，它就會像顏料一樣牢牢地附在皮膚上——這就是乳狀或液狀粉底液的功能。但是，如果每天都在臉部「塗油漆」，肌膚怎麼可能會健康呢？

界面活性劑會溶解兩種自體保濕因子，也就是水溶性天然保濕因子和脂溶性的細胞間質，還會破壞肌膚防護機能，讓肌膚變得極度乾燥。再者，這些粉底中所含的油質更會緊緊粘住細胞間質。因為這類粉底的作用，原本就是要緊粘著細胞間質，讓顏料能牢牢地附著在皮膚上。

另外，油和界面活性劑會從毛孔進入皮膚裡層，讓皮膚產生排斥反應、造成發炎。而且，在擦粉底時難免會摩擦到肌膚，這些發炎反應和摩擦造成的刺激，都會使黑色素增加，造成黑斑和暗沉。

持續使用這些乳狀或液狀的粉底，會讓黑斑及暗沉更加嚴重；為了遮蓋這些皮膚缺點，又更加離不開粉底……簡直就是恐怖的惡性循環。

順便一提，粉狀的粉底對肌膚造成的傷害，要比乳狀或液狀的粉底小很多。如果一定要擦粉底，就盡量選用粉狀的粉底，並盡可能將用量減到最低。

○等同顏料的恐怖產品❷遮暇膏、飾底乳

用來掩蓋斑點的遮暇膏，基本上和乳狀或液狀的粉底是一樣的東西。乳、液狀粉底是造成黑斑的元凶之一，已經形成斑點的部位，只要受到一點輕微刺激，黑色素就會立刻增生。換句話說，在黑斑上重覆塗抹名為遮暇膏的液狀粉底，只會讓斑點變得更黑、更深。

無論是讓肌膚看起來更美的飾底乳，或是讓粉底容易附著的隔離霜，和液狀粉底都是同樣的東西，只是名稱不同罷了。這類東西擦得越多，對肌膚的傷害就越大。

有在擦粉底的人如果想要擁有健康美麗的肌膚，至少也要停止使用遮暇膏或飾底乳才是。

○好的肌膚不是「黏膩濕滑」，而是「清爽乾燥」

第2章曾經提到過，只要有一個角質細胞脫落，訊息就會回傳至基

底層，再生出一個新的細胞。但如果擦了化妝水或乳霜，肌膚表面會變得黏膩，讓角質細胞不易脫落，基底層就很難再產生新的細胞。

角質細胞如果無法脫落，角質層就會漸漸變厚，表皮則會因為沒有新細胞遞補而變薄，連帶影響真皮層也跟著變薄。

角質層變厚會讓肌膚看起來暗沉，而肌膚整體的厚度變薄，會讓皮下血管及肌肉透出來，不但讓膚色變差、冒出色斑，同時還會長出小細紋。

反之，如果皮膚什麼也不擦，皮膚表面的角質細胞得以自然脫落，基底層的新細胞就能依序生成，表皮細胞飽滿豐厚，肌理也會整齊有序。

現在的女性已經完全不知道什麼才是健康的肌膚，只要摸起來有點乾燥，就覺得自己的皮膚太乾，馬上就想拿起乳霜往臉上擦，真是太慘了。

我再強調一次。好的皮膚摸起來不會是「黏膩濕滑」，應該要是「清爽乾燥」才對，而且為了保持肌膚乾爽的狀態，什麼都不擦才是最重要的。

防腐劑的危害

○再漂亮的美女，也可能滿臉黴菌

我們的皮膚，主要是靠著存在於皮膚的共生菌，讓皮膚表面維持弱酸性、保護肌膚不受其它雜菌侵害。

我在北里研究所醫院美容醫學中心工作時，曾調查過存在於臉部的共生菌數量。

在我鼻翼旁1平方公分的皮膚中，就住了大約60萬個共生菌，鼻子兩側的皮脂分泌旺盛、毛孔較大，所以共生菌的數量也比較多。

臉頰中央或許是毛孔較少，共生菌缺乏藏匿的地方，只有大約有20萬個。

我也檢測了一起工作的護士及女性員工的皮膚，當時她們全都有使用化妝水、精華液及粉底等美妝保養品的習慣。沒想到，她們臉上的共生菌數竟少得可怕——其中一位的臉上竟然剩不到500個共生菌！

而菌數最多的也不過才3萬個，這個數字實在嚇人。和我的皮膚比較起來，她們臉部的共生菌幾乎等於零。

為什麼會這麼少呢？擁有正常肌膚的男性和女性，臉上的共生菌並不會這麼少，原因全出在美妝保養品中的防腐劑。

近來，我們整形重建外科醫生已經不太使用消毒水消毒傷口了。但即使是用來消毒傷口的消毒水，只要蓋子沒蓋好，過幾個星期細菌還是會跑進去，讓消毒水變混濁。

可是，像化妝水、乳霜或粉底這些美妝保養品，卻可以放好幾年都不會壞，有的甚至還能放上5年都不變質。這是因為當中添加了羥基苯甲酸酯（Paraben）等強效防腐劑，殺菌力比消毒傷口的消毒水還強，雜菌根本無法生存。

每天把這些東西擦在臉上「消毒殺菌」，臉部皮膚的共生菌當然會死光光。如果只用一種也就算了，但大部分女性卻每天都會在臉上塗抹好幾種保養品。

使用 2 種保養品，就會有 2 倍的防腐劑附著在肌膚上；使用 3 種是 3 倍，使用 4 種就是 4 倍。

只要檢測一下使用過多種美妝保養品的肌膚，就會發現上面繁衍著一堆不知名的可怕細菌——因為原本保護肌膚的共生菌差不多都死光了。

最近有許多病患被一種「馬拉色菌」（malassezia）、類似酵母菌的黴菌所困擾，它被視為是造成脂漏性皮膚炎的原因。脂漏性皮膚炎會在皮脂分泌旺盛的頭皮、眉毛、鼻翼兩側形成濕疹，患部會發癢發炎、時好時壞，一不小心也容易引發其他的感染症狀。

如果臉部的共生菌處於正常狀況，皮膚很難感染到像馬拉色菌這種黴菌。但使用美妝保養品的人，把肌膚表面的共生菌都殺光了，才會給這些細菌入侵的機會。患有脂漏性皮膚炎的女性，大多是臉部或頭皮出現狀況，

存在於皮膚的共生菌

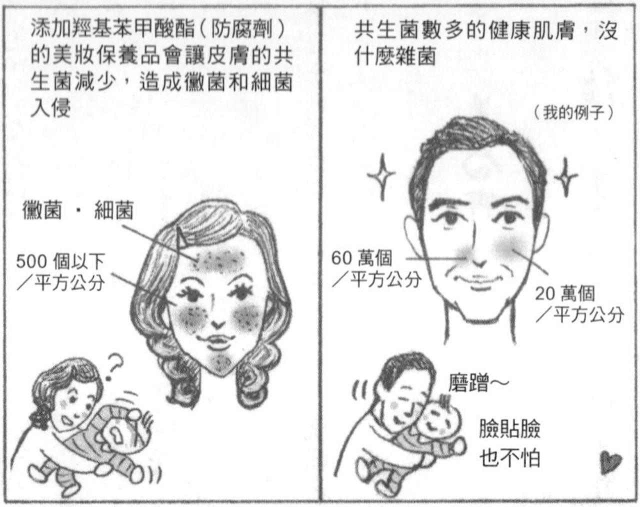
添加羥基苯甲酸酯（防腐劑）的美妝保養品會讓皮膚的共生菌減少，造成黴菌和細菌入侵
黴菌・細菌
500 個以下／平方公分
共生菌數多的健康肌膚，沒什麼雜菌
（我的例子）
60 萬個／平方公分
20 萬個／平方公分
磨蹭～
臉貼臉也不怕

其他部位很少發生問題。我想這是因為臉部擦保養品，頭皮接觸洗髮精、潤絲精及造型液，而身體其他部位卻什麼也沒擦的緣故。

我曾經說過這麼一句玩笑：

「如果有人超愛化妝保養，又注重清洗卸妝，那就絕對不要碰她的臉，因為她臉上可能全都是可怕的細菌。」

磨擦搓揉的危害

○皮膚越搓越乾

搓揉的動作，確實會傷害皮膚。

由脂溶性的細胞間質和水溶性天然保濕因子形成的自體保濕因子，就像是鰻魚表皮的黏液一樣，能保護我們的肌膚、讓肌膚不至乾燥。如果把黏液搓掉了，鰻魚的表皮就變得乾癟；同樣的道理，如果自體保濕因子被搓掉了，我們的皮膚也會萎縮乾涸。

已經萎縮的皮膚，根本不具有任何保濕的能力。

自體保濕因子每被搓掉一次，就算是健康的肌膚，也要花 3 到 4 天的時間才能再生。

但大部分的女性卻每天用卸妝油搓臉、用洗面皂搓臉、用沾了化妝水或乳液的化妝棉搓臉、用乳霜搓臉……皮膚被搓得整個萎縮乾枯，要回復就需要更長的時間。

在那種情況下，自體保濕因子根本就沒有時間再生，皮膚一直處在缺少自體保濕因子的狀態。這麼一來，皮膚的健康遲早會出紕漏，細胞會停止分裂，皮膚變薄、萎縮，肌理也會消失不見。

不僅如此，搓揉還會引起發炎，活化表皮中名為「黑素細胞」（melanOcyte）的色素細胞，使黑色素增生，造成膚色暗沉及黑斑。

再繼續搓揉下去，為了減少皮膚受到的傷害，角質就會增生，就像腳後跟的死皮那樣。如果經常搓揉臉部肌膚，臉部的角質層就會漸漸變厚，在臉上形成腳後跟般的「死皮」。

使用美妝保養品時，或多或少都會搓揉到肌膚，這個動作會讓肌膚變乾燥，同時造成黑斑暗沉，甚至讓角質增生。

為了盡量不搓揉到肌膚，「什麼都不擦」才是最好的保養方法。

過度清潔的危害

○每卸妝一次，肌膚的防護就被破壞一次

前面講了化妝水或乳霜的種種害處，其實有個東西對肌膚的傷害更大——那就是卸妝產品。

卸妝產品有卸妝油、卸妝乳、卸妝凝膠等各種類型，但不論哪一種，主要的成分都是界面活性劑，都擁有超強的卸妝效果，連難以卸除的油性粉底也能一擦就掉。但是在卸除彩妝的同時，肌膚防護所不可或缺的細胞間質和天然保濕因子——也就是自體保濕因子也會被溶解，一擦就連根拔起、半點不留。

卸妝產品之所以能「高效去污」，主要靠的就是大量界面活性劑，它所含有的界面活性劑量，是乳霜等保養品所無法比擬的。

卸妝過後，有害的界面活性劑會殘留在皮膚表面，因此必須用洗面

乳再洗一次臉。

但是，大多數洗面乳裡也都添加了界面活性劑，皮膚根本無法承受。

這些卸妝產品和洗面乳裡所含有的界面活性劑及油脂，會在洗臉時溶入肌膚的自體保濕因子，讓肌膚的防禦機能每況愈下。

一旦皮膚失去防禦機能，油質和界面活性劑就會滲入皮膚裡層，將「磚塊＋水泥」的結構整個破壞。

「磚塊＋水泥」結構遭到破壞後，最快也得 3 到 4 天才能再生，如果天天反覆卸妝或過度清洗，等於防護層才剛生成又被破壞。一旦失去這層「磚塊＋水泥」的防護，再貴的保濕產品也無法重建這層保護。

卸妝產品還有另一大危害，為了讓粉底的污垢能充分溶解，卸妝時必須用力搓揉肌膚。卸妝產品已經含有大量的界面活性劑了，使用時還得用力搓揉肌膚，因為這兩點，它對保濕防護層的破壞，比化妝水和乳霜更嚴重，對肌膚的傷害更大。

○肌理越洗越淺

當肌膚因為使用卸妝產品失去防護機制，皮膚會乾涸缺水，肌膚乾燥的問題就會更加嚴重。

一旦肌膚乾燥萎縮，基底層就無法產生新的細胞，皮膚的新陳代謝也會停止。

於是，舊的角質層和下方尚未成熟的角質層無法增厚，肌膚會出現皮屑，呈現乾燥緊繃的狀態。

長期處在這種狀態下，肌膚會完全失去功能，別說是肌理紋路了，連線條都看不見。

更糟糕的是，很多女性在洗臉卸妝後，還會拼命塗上化妝水、精華液或乳霜等保養品。它們當中的成分，會輕而易舉地滲入失去自體保濕因子防護的皮膚，造成皮膚嚴重發炎泛紅，一而再再而三，膚色就變得暗沉，黑斑也會產生……這些在前面已經再三跟大家警告過了。

如上所述，過度清潔不但會使肌膚嚴重乾燥，有些人甚至會變成脂漏性皮膚，毛孔變得明顯粗大。

這是由於清洗過度造成皮脂流失，皮膚為了補充不足，開始過度分泌皮脂的關係。結果不但變成了脂漏性皮膚，皮脂線也變得肥大、毛孔周圍突起。

如此一來，肌膚變得像橘皮一樣粗糙不平，過度分泌的皮脂讓肌膚變得油膩膩，卻起不了多少保濕作用，肌膚還是處在嚴重乾燥的狀態。

○「純皂」絕對優於「合成清潔劑」

清潔臉部時，除了會用到卸妝產品，另外就是洗臉產品。

洗臉產品可分為合成清潔劑，和自古以來就有的皂類。一般市面上的洗面乳，和廚房洗潔劑及洗衣精一樣都屬於合成清潔劑；而自古流傳至今的皂類，就是我們俗稱的肥皂，則是不含任何添加物的純皂。

不論哪一種，都可以藉由油水混合的界面活性效果去除髒污。合成清潔劑不存在於自然界，是用化學方法合成的界面活性劑；純皂則是以橄欖油、椰子油或棕櫚油等植物性油脂，或牛油等動物性油脂為基底，加入氫氧化鈉來產生界面活性作用，是用自然界的原料所製成的。

純皂是在偶然的情況下被發明出來的，是烤肉時肉的油脂和炭灰混在一起，沾水後產生泡沫，輕易地去除了手上的油污，就這樣被老祖先延用下來。

純皂的洗淨力和合成清潔劑相比，效果幾乎相同，甚至略勝一籌。那麼，它們對皮膚所造成的負擔呢？

合成清潔劑的話，只要一點點就會吸附在毛孔或皮膚表面、破壞角質層，而且它難以分解，也容易侵入皮膚裡層。通過人體細胞、海膽卵或魚類為對象所進行的各種實驗，都證明它具有強烈的毒性。

相形之下，純皂則不易殘留、容易分解，毒性也低。

很早以前用來洗衣服的肥皂，就是純皂的代表，不過洗衣皂通常洗淨力太強，雜質也多，用來洗臉或身體會太刺激。

現在有一種無添加純皂，不但純度高，不刺激肌膚，泡沫也多，優秀的洗淨力還可以將用量減至最低。

順帶一提，合成清潔劑不管怎麼洗，都還是會殘留在皮膚上。

像電子產品的微電路板清洗工程，通常都會使用純皂，因為如果使用合成清潔劑，微電路板表面就會產生不當的薄膜，怎麼洗都洗不掉。

○「弱酸性」是危險陷阱

不過，洗淨力強又安全的純皂有個很大的缺點，只要它添加了其他成分或製成弱酸性，洗淨力就會大大降低。

像是在原本的純皂中加入香精或保濕成分的美容皂，聞起來雖然香，洗完臉後肌膚摸起來也是滑潤的，但因為添加了其他成分，就使得洗淨效果大打折扣。美容皂的洗淨效果不好，就讓卸妝成了不可或缺的程序——明明純皂就足以卸掉化妝及清潔肌膚了。

再者，一旦將純皂變成弱酸性，就會產生皂垢。純皂如果加了其他東西，就會失去原本的效果，這是它的缺點。

相形之下，合成清潔劑就算加上再多東西，洗淨效果也不會變弱。因此它可以混入油脂或甘油等物質，用它們來遮掩洗完臉後的乾澀，讓人產生清潔又保濕的錯覺。

肌膚之所以能維持弱酸性，主要是共生菌的功勞。正因為處於弱酸狀態，肌膚才能遠離黴菌、細菌或酵母菌的侵害。

純皂是鹼性的，如果用它洗臉，皮膚當然會偏鹼性。那麼，有沒有肥皂是可以讓肌膚在洗完臉後能維持弱酸狀態呢？因為這個簡單的念頭，人們發明了弱酸性肥皂。

這很有說服力。

但弱酸性肥皂卻是化學合成的，因此會破壞肌膚防護、容易使肌膚乾燥。如果長時間使用，會讓角質層的蛋白質發生突變，對肌膚而言絕對稱不上是好東西。

而且它和其他保養品一樣，都加了防腐劑在裡面，會殺死維持肌膚弱酸性的共生菌，如果長時間使用，肌膚反而會變成偏鹼的狀態。

明明是為了維持肌膚的弱酸性才使用弱酸性肥皂，結果反倒讓肌膚成了鹼性，真是白費功夫。

其實用鹼性的純皂洗臉，在剛洗完臉時肌膚也是呈現偏鹼的狀態，不過因為共生菌的運作，幾分鐘後肌膚就會回復到原本的弱酸性。所以，實在沒有必要特別使用弱酸性的肥皂。

大家千萬別被「不傷肌膚的弱酸性」，這類毫無意義的銷售術語給騙了。

○美容皂是傷害肌膚的幫凶

以前，用純皂洗完臉後會覺得皮膚十分乾澀，所以保養品業者努力研發「感覺」比較不傷肌膚的洗面皂，在純皂裡加入了甘油、香精和油脂等成分，製成了所謂的美容皂。

使用美容皂洗臉後，肌膚摸起來的確比較不乾澀，還有滑潤保濕的感覺。

不過純皂一旦混入了其他成分，洗淨效果就大打折扣，這是最大的缺點。加了這些添加物後，美容皂的洗淨力變差，粉底之類的彩妝就很難洗乾淨。

卸妝產品就是因應這點而生。為了幫臉部徹底卸妝，它添加了大量的界面活性劑，不管什麼東西，只要輕輕一擦就能卸得一乾二淨。

加了添加物，肥皂的洗淨效果就會變差，但粉底要用純皂才能清潔乾淨。若是大家能了解這一點，皮膚乾燥或敏感的情況就不會像現在這麼多了。

由於美容皂無法完全卸除彩妝，因此必須搭配卸妝產品一起使用。

現在，已經有90％以上的女性習慣使用卸妝產品，保養品業者大概是樂翻了，但對於女性的肌膚而言卻是災難。

不過，最近藥妝店或有機商店開始設立純皂專櫃，由於現在的純皂不但純度高、泡沫柔細，對肌膚又好，加上使用起來也很方便，因此大受歡迎。

或許原因還不只如此，可能現在大家對肌膚保養的觀念已經有了改變，大家開始意識到「簡單」及「天然」對肌膚才是最好的。這麼一來，我所推廣的保養方法或許很快就會被大眾所接受，成為肌膚保養的新常識。

前面所提到的保養品對肌膚造成的各種傷害，是我歷經10年、用顯微鏡檢視上千名女性的肌膚後，所收集到的科學證據。因為有這些顯微鏡肌膚圖像的客觀數據及實例，我才敢如此自信地向大家推薦「宇津木保養法」。

○保養品最擅長製造乾燥肌

為了研究治療乾燥皮膚的方法和藥物，研究人員會故意讓皮膚變得極度乾燥，然後再施以各種不同的藥物，調查每種藥物的療效。如果要讓皮膚變得極度乾燥，通常會採用2種簡單又實用的方法。

一種是膠帶撕除法，這可以讓皮膚的局部快速乾燥。方法就是盡可能將透明膠帶貼緊皮膚後撕下、貼緊再撕下，如此反覆操作，那一部分的皮膚就會變得異常乾燥。因為撕下膠帶的同時，也撕去了皮膚外側保濕、防護效能最佳的角質細胞，所以能確實達到讓皮膚變乾的目的。

另一種方法，就是在肌膚上塗抹能徹底溶解油脂的稀釋劑或甲苯，藉以溶解細胞間質，讓肌膚變乾。這個方法可以一次就讓大範圍的皮膚嚴重缺水、乾涸。

只要施行一次，馬上就能創造出「完美」的乾燥肌。搓洗臉部或去角質等摩擦的動作，效果就等同於膠帶撕除法，甚至還可能帶走更多角質細胞，只要一次馬上就能讓皮膚變乾。

而卸妝產品中所含的大量界面活性劑，則具有強力的溶脂效果，用它擦拭肌膚，就和實驗時用稀釋劑或甲苯擦拭肌膚一樣，會讓肌膚馬上變得嚴重乾燥。

只要一次就能讓肌膚變乾的行為，如果每天都在重覆進行，肌膚怎麼受得了？很快地，肌膚就會處在極度乾燥的狀態，防護層也會殘破不堪，變成一碰就發炎的敏感肌。

每次想到這裡，我就真的很希望女性朋友能馬上停止使用卸妝產品。從健康肌膚的觀點來看，每天用卸妝產品卸妝這種行為，簡直就是在殘害肌膚。

而且，因為卸妝產品對肌膚有害，卸完妝後必定得用洗面乳再洗一次。但肌膚上的細胞間質都已經被卸妝產品溶解得差不多了，再用洗面乳洗一次臉，肌膚只會乾燥得更嚴重。

於是，洗完臉後，就不得不塗上號稱可以保濕的化妝水、乳霜或精華液等保養品。

我們已經知道，乳霜和水會破壞肌膚的防護機能。為了消除洗完臉後的緊繃感，趁肌膚完全乾燥前用乳霜將水分「鎖住」，有人竟想出這種愚蠢至極的保養方法——結果讓肌膚遭到更嚴重的傷害。

只要做個實驗就能了解：大家可以試著在洗完臉後，不要將皮膚表面的水分完全擦乾，這時皮膚會感到很不舒服，這就是皮膚自我防護的本能。

水分留在皮膚表面，會破壞皮膚的防禦機能。因此，將水分鎖住這類保養理論，其實只會讓皮膚變得更乾。

等到肌膚完全喪失防禦能力，就會變成「動輒得咎」的嚴重敏感肌。

在日本，女性每 4 人就有 3 人是乾性肌，每 3 人就有 1 人是敏感肌。乾性肌或敏感肌的女性越多，號稱可以保濕或抗敏的保養品就賣得越好。難道保養品廠商不知道這些東西對肌膚有害嗎？但還是不顧民眾健康、只管商品大賣，真令人懷疑他們到底是何居心。

近來，連一些與保養品毫不相干的企業，都開始插手保養品的市場，營業額更屢屢創下佳績。看來，保養品還會繼續風行、繼續殘害大家的肌膚。

我認為，保養品業者應該認真考量產品安全，訂出一套檢核機制以確認長期使用的弊害才對。

○相信肌膚的自我復原力

想治療肌膚問題、常保肌膚美麗，就一定要戒掉破壞肌膚防護機能的保養品，貫徹只用清水洗臉的斷食保養法。而且，比起提升肌膚的保濕能力，更應該注意的是不要破壞它，將重點放在肌膚與生俱來的再生能力，也就是自我復原能力上。

只要肌膚與生俱來的自我修復機能沒有受損，肌膚就能一直保持在最佳狀態，即使年過80，依舊能保有棉花糖般軟嫩的肌膚。

最終極且長久的肌膚保養法，就是設法讓肌膚的自我復原能力發揮到極致，排除所有對肌膚不利的毒素、刺激，或過度保護造成的危害，完全以清水洗臉為主軸。

這個斷食保養法的本質，就是盡力維持肌膚健康，不讓多餘的異物混入自體保濕因子破壞肌膚防護，徹底發揮肌膚原本的能力。

我的保養方法有3個基本原則：就是不塗抹、不搓揉、不過度清潔

基於這3個原則，所有用來保養肌膚的化妝水、乳霜及面膜等一概不用；化妝品也是，從粉底到遮瑕膏、飾底乳等也完全不擦。每天要做

的功課，就是盡量不搓揉肌膚，只用獨特的方法清水洗臉。

不過，這些原則也有例外，如果肌膚實在乾燥得厲害，可以擦一點凡士林。

只要堅持下去，總有一天能重新找回軟嫩Q彈的美肌，但如果剛開始對自己的素顏實在沒有自信，也可以在恢復期擦些粉狀的粉底。

像這樣不花錢、不費工，又不花時間的保養方法，大概是世上獨一無二的吧？而且我能保證，只要持續這樣做，肌膚就能慢慢恢復水嫩，嚴重乾燥的情況也會開始改善。

這種追求極簡的「宇津木保養法」，摒除了所有多餘的程序及瓶瓶罐罐，也代表了另一種簡約的生活方法，不但讓生活少了貪婪，更能讓肌膚和心靈從中感受到愉悅。

【Column】

化妝水源自於缺乏軟水的歐洲

自古以來，歐洲的貴族女性就喜歡用美麗的瓶子裝東西，一瓶裝香水，另一瓶裝水，也就是軟水。

歐洲大部分地區的水質，都是含有大量礦物質的硬水，用硬水清洗肌膚會緊繃不適，肥皂也難以搓出泡沫。所以，對歐洲人來說，用清水洗澡、洗臉或洗頭是件困難的事。也因為如此，才養成歐洲人用香水掩蓋體味的習慣。直到最近幾 10 年，歐洲人才能經由水龍頭自由地取得軟水。

在這之前，歐洲人大多用油洗臉，一旦有機會取得軟水，就會將它裝入漂亮的瓶子裡，小心翼翼地拿來擦拭臉部或身體。在當時，軟水比酒還昂貴得多。

然而，日本境內的水幾乎都是軟水，因為有充分的軟水可以洗臉、洗澡，因此一直都不需要化妝水，直到江戶時代絲瓜水問世，也只有極少數的女性使用而已。在日本是不需要使用化妝水的，如今也是一樣。我們一味地模仿歐洲人使用化妝水，只能說是東施效顰而已！

Part 4

不塗抹、不搓揉、不過度清潔！保證回復美麗肌膚 實踐宇津木保養法

只追求今、明的短暫美麗，
只要現在看起來美麗就好，
這種想法不但短視而且可悲。
為了 5 年後、10 年後仍擁有美麗肌膚，
一定要摒除只顧當下的貪念。

肌膚再生的究極秘訣

當膝蓋疼痛無法行走，我們會用拐杖輔助；使用基礎保養品，就像可以行走的正常人杵著拐杖走路一樣，老是扶著拐杖，日子一久沒有拐杖就走不動了。使用基礎保養品也是如此，一旦習慣了，肌膚就會變成沒有保養品就活不下去的「殘障肌」。

拐杖可以保護疼痛的膝蓋，但基礎保養品不僅無法保護肌膚，還會讓症狀惡化。在肌膚變成沒有保養品就活不下去的狀態之前，還是趁早戒掉比較好。

皮膚本來具有防止體內水分蒸發，同時抵禦外來異物或化學物質的防護機能。保養皮膚，最重要的就是讓它的防護機能維持在良好狀態，如此一來，就算不必特別照顧，也能擁有自然健康的美麗肌膚。

為了達到這個目標，我們唯一需要做的就是「用清水洗臉」，僅僅如此。

那什麼是不能做的呢？就是讓有害成分有機會侵入肌膚。不只卸妝產品、化妝水、精華液、乳霜等基礎保養品，連粉底都最好不要擦，但口紅或眼影這類重點彩妝還在容許範圍內。

這是「宇津木保養法」的基礎原則。不過，這個基本原則有2個例外。

首先，在剛開始的恢復期，很多人會對自己的素顏缺乏自信，這時可以用一點粉狀的粉底。不過在卸掉粉底時，記得千萬不能用卸妝產品，只需用清水或純皂洗臉即可。

另一個就是凡士林。在剛停用基礎保養品或空氣乾燥的冬季期間，肌膚可能會出現乾燥脫屑或刺痛發癢的狀況。為了滋潤皮膚、舒緩強烈的乾燥感，可以使用微量的凡士林。

只要「戒掉」保養品，肌膚絕對能慢慢恢復健康。某一天，你會忽然發現，自己的肌膚變得光澤細緻，即使不擦粉底也顯得健康美麗的素顏。

等到那時，你會迫不及待地丟掉粉底，驕傲地向大家展現漂亮美麗的素顏。沒擦粉底的素顏肌膚清爽乾淨，還能呈現出獨特的氣質，同時讓肌膚狀態越變越美。

一旦戒掉了粉底，連純皂都不必使用，這麼一來肌膚就變得更健康。肌膚健康了，就不會再感覺乾燥，整體飽水透亮，連凡士林也用不到了。

肌膚擁有旺盛的再生能力，就算因為過度使用保養品而變得殘破不堪，只要停用保養品，就一定能復原。許多實行宇津木保養法的人，全都可以證明這一點。

接著，終於到了介紹宇津木保養法的時刻了。

第一步，就是洗臉。

清潔基礎洗臉❶

清水洗臉……用水就能洗去過氧化脂質

如果平常化妝不擦粉底、只上蜜粉，或使用的是完全不含油脂及界面活性劑的粉狀粉底，那麼只需在洗掉重點部位的彩妝後，直接用清水洗臉即可。

晚上洗臉的目的，在於洗去灰塵和蜜粉等污垢，最重要的是洗去皮脂氧化變成的過氧化脂質。皮脂腺所分泌的皮脂，在幾個鐘頭後會氧化成過氧化脂質，傷害皮膚的DNA和細胞膜，所以一定要洗掉才行。

過氧化脂質雖說是油脂，卻能溶於水，因為可溶於水，所以用水洗去即可。像自然界的動物只要泡在水裡就可以維持健康美麗的羽毛，不需要用到肥皂，人類也是如此。

人體內的溫度是36至37度，而人體表面則低個1到2度，大約是34到35度左右。

皮脂是從溫度較高的體內，往溫度較低的體表溶出，因此只要水溫維持在34到35度，皮脂大多都能去除。

另外，造成異味的硫化物和過氧化脂質等皮膚污垢，也幾乎都能用水洗掉。

因此晚上洗臉時，最好盡量使用接近體表溫度、水溫低於35度的「微溫水」清洗。

不過，這畢竟只是個標準值，隨著季節不同，有時這樣的水溫也許會太冷也說不定。請在可以接受的範圍內，使用溫度適中的水來洗臉吧！

早上用冷水洗臉可以刺激交感神經，身體和頭腦也會一下子清醒過來。

就趁這時，把眼尾及眼角的眼垢，還有睡眠中形成的少量過氧化脂質也一起洗乾淨吧！

◇手是最好的「洗臉祕器」

宇津木保養法所推薦的洗臉法，自然也最不傷肌膚。

基本的洗臉方法：雙手合掌捧水，將臉埋入捧起的水中。然後用手掌觸碰臉頰，輕壓後放開，再輕壓再放開，如此反覆操作。藉由這個動作，讓手掌和臉頰間的水產生振動，就能溫和地洗去臉上的髒污。

在158頁有清水洗臉的詳細步驟，搭配圖文解說，請大家一定要學會正確的清洗方式哦！

清潔洗臉基礎❷

用純皂洗臉……「掌壓清洗」和「點壓清洗」

◇用純皂洗掉粉底

除了部分的粉狀粉底，大部分的粉底都含有油脂，所以光用清水是洗不掉的。不過就算如此，也絕對不能使用卸妝產品。只要知道怎麼清洗，即使不用卸妝產品，用純皂也能洗乾淨。

有些人認為，清潔臉部彩妝時，應該要將臉上所有的粉底全部清除，才算「把臉洗乾淨」。但其實就算沒有完全洗掉也沒關係，應該說，想「徹底清乾淨」的想法就是不對的。

因為，當我們將粉底徹底清乾淨的同時，也會搓掉皮膚的自體保濕因子，這對肌膚來說反而是更嚴重的傷害。

只用純皂洗臉，或許肌膚表面有會少量的粉底殘留，但無須介意。

殘留的粉底只要過個 3 到 4 天就會和皮垢一起脫落。所以，只需用泡沫大致清潔一下即可。

◇「掌壓清洗」和「點壓清洗」

用純皂洗臉的重點，在於充足綿密的泡沫及溫柔的清洗手法。泡沫可以溶解油垢，讓油垢浮出脫落，更重要的是，泡沫可做為肌膚和手掌間的潤滑劑，防止肌膚過度搓揉。即使不刻意搓揉，只要些微摩擦，保護皮膚表面的角質細胞就會被破壞了。這個時候，作為潤滑的泡沫就很重要。

那麼，要怎麼製造出綿密的泡沫呢？

如果直接用手搓揉泡沫，會讓手部肌膚乾燥，因此最好能使用一些「輔助道具」。洗顏泡沫網雖然是不錯的工具，但它是塑膠做成的，或多或少都會刺激手部皮膚。

比洗顏泡沫網更溫和不刺激、還能產生充足泡沫的是「海綿」。請取一塊廚房用的海綿，剪成適當的大小使用。

不過，因為海綿內部容易有細菌繁殖，使用前後一定要仔細清洗。清洗完畢後，水分要盡量擠壓乾淨，讓它能盡快乾燥。此外，每週一定用肥皂徹底清潔一次，每 1 到 2 個月就更換新的海綿。

每次洗臉所需的泡沫量，大約是一個乒乓球的大小。

泡沫洗臉分為「掌壓清洗」和「點壓清洗」兩部分。首先，是針對臉頰、額頭等大面積部分的掌壓清洗。

掌壓清洗是將沾有肥皂泡沫的手掌觸碰肌膚，然後出力按壓。手掌貼緊皮膚稍微壓一下，泡沫就會被壓扁；接著手掌依舊貼著肌膚，將手的力道瞬間放開。這一瞬間，毛孔會產生些許吸力，微量的泡沫就順勢進入手掌和皮膚之間的縫隙。

如此反覆進行幾次，過程中手掌從頭到尾都貼著臉頰。經由不斷反覆的動作，手掌與肌膚之間的肥皂泡沫不斷滑動，同時擠壓、吸收毛孔中的髒污。這個方法比用搓揉的方式更溫和，而且洗得更乾淨。

只要在狹窄的掌間不停地按壓肥皂泡沫，即可達到充分洗淨的效果。請體驗一下泡沫在手心和臉部肌膚間滑動，以及手掌擠壓、吸起皮膚時的觸感。

再來是點壓清洗。掌壓清洗是針對臉頰、額頭等大範圍的面積；點壓清洗則是針對臉部、眼周、鼻翼兩側及下巴等凹凸不平的小地方。

點壓清洗是用手指沾取肥皂泡沫，然後像觸摸汗毛末端或布丁、豆腐表面般的力道，輕觸小面積部位的肌膚，將泡沫推開幾次後，再用清水洗淨。

◇清洗10次即可

用水清洗時，要徹底將肥皂泡沫洗乾淨，以免皂垢殘留在皮膚表面。

不過，只需要清洗約10次即可。

一般人清洗時，通常都是用手捧水往臉上潑，但這種方法的洗淨效果並不好，而且也會對肌膚造成一些細微的傷害。角質細胞僅0．01公釐大小，潑洗的水勢太強，手也會碰到肌膚，結果反倒傷害了皮膚的防護層。每次潑出的水量又都不一樣，會讓臉部各處「清洗程度不均」，容易殘留皂垢。

正確的清洗方法，可以參考「基礎洗臉」的方式。首先捧起一把水，再將臉埋進去，這麼做可以讓全臉都接觸到水，肥皂也能溶水中。然後貼近手掌，輕壓後放開、再輕壓再放開，如此重覆幾次，直到手中的水用光。

接著，再捧起新的水，將臉浸於其中。每次換水，都要換不同部位清洗，將臉部的側面、額頭、邊緣、下巴等浸在水裡，一處也不能遺漏。以上動作重覆10次後結束。

這個清洗方法，是以不搓揉肌膚為原則。如果有非搓洗不可的部位，就用指腹輕推，進行「點壓清洗」。

水溫也是個重要的關鍵，清洗時以溫度低於35度的「微溫水」最好。另外，如果是淋浴，可利用蓮蓬頭進行沖洗，不過一定要注意水溫和水壓。有人喜歡用熱水大力沖刷，但這麼做會使皮膚的自體保濕因子遇熱溶解，再被水壓沖走，造成肌膚乾燥。

因此，淋浴時也要像「基礎洗臉」一樣，使用水溫低於35度的「微溫水」，並將水壓控制在讓肌膚舒適的程度。

清潔 基本擦拭

一定要用柔軟的毛巾

新毛巾因為有油性物質包覆綿布表面，所以不易吸水，最好洗個一、兩次再拿來使用。由於洗越多次吸水力越強，因此建議最好用舊毛巾當擦拭巾。不過，有時舊毛巾會有纖維硬化的問題，可能會傷害肌膚，最好能夠先搓揉一番，直到毛巾變軟再拿來使用。

肌膚無法忍受水分殘留，這是人類的本能。不信的話，可以試著洗完臉後不擦乾，感覺絕對很不舒服。但也因為這種本能，我們常會不自覺地用力擦拭，導致按壓時力道過猛，這一點一定要多加留意。

擦拭時絕對不可磨擦肌膚，重點是要用毛巾將水分吸乾，只要用毛巾貼著肌膚，然後施力按壓即可。這時必須要留些時間讓毛巾吸乾水分，靜靜地按壓 3 到 5 秒的時間即可。

清潔 卸妝

卸掉局部彩妝

◇用「滾動法」卸除眼妝

局部上妝的人，首先要做的就是卸掉重點彩妝。

眼影、眼線和眉筆就用「滾動式卸除」。將棉花棒沾水弄濕，在眼瞼和眉毛上方滾動一至兩次，不用力搓揉，在滾動棉花棒的同時把彩妝帶走。

如果無法用水卸乾淨，就用棉花棒沾少許純皂，用最輕的力道一邊滾動一邊卸除。

最近，市面上販售一種用溫水即可卸除的睫毛膏，購買時最好選擇這一種。如果用的是其他類型的睫毛膏，就用兩根沾了水的棉花棒上下夾住，再慢慢將睫毛膏卸掉。

如果這樣不好卸，可以先固定下面那一根，再拿另一根棉花棒從上壓住，然後輕輕轉動。

不過要注意的是，無論是眼妝或眉筆，都不必強求要完全卸掉。就算有一些殘留在皮膚上，過了3、4天後它們也會隨著皮膚新陳代謝，和皮垢一起自然脫落。如果硬要徹底卸乾淨，只會造成過度搓揉，讓皮膚發炎變黑。皮膚出現暗沉黑斑的主因，就是習慣性地搓揉肌膚，這在整形重建外科領域已是眾所周知的事。

◇口紅用衛生紙擦掉就好

塗完口紅後，一般都會用衛生紙抿去多餘部分。其實，同樣的動作只要重覆2到3次，口紅就差不多卸乾淨了，根本不必採取多餘的動作。

等隔天再塗上口紅，前一天殘留的唇彩就會附著在新塗的口紅上。唇部的新陳代謝週期也比其他部位快，就算有殘留，過個2、3天就會完全脫落。如果用肥皂勉強清除卡在唇紋間的口紅，就連保濕成分都會被清掉，讓唇部變得粗糙乾燥。

根據統計，神經質的人較常出現肌膚乾燥發癢的問題。只要用顯微鏡觀察，就會發現他們的皮膚特別乾燥，到處都有發炎的跡象，皮膚的肌理紋路也紊亂不齊、很不明顯。

「你是屬於比較神經質的人吧？」

「咦？你怎麼知道？」

「你的皮膚之所以乾燥發癢，是因為過度搓洗的關係，而且從臉到下巴內側都看不到肌理紋路，如果不是神經質不會洗成這樣。」

透過顯微鏡觀察病患膚況，也能看出這個人的性格。

基礎洗臉❶清水洗臉

基本要件：使用水溫34～35度的「微溫水」。

①雙手捧水，
將臉浸於其中

想像自己把臉浸入臉盆裡～～

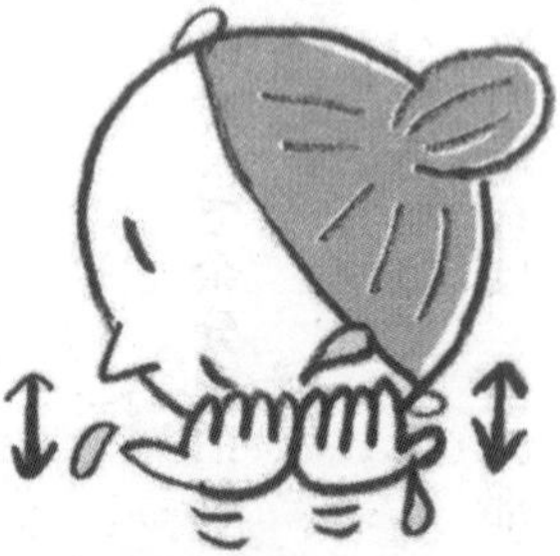

②臉部貼近手掌，
輕壓後放開、
再輕壓再放開，
如此反覆操作。

→記得變換臉部方向，
仔細清洗哦！

■如果想要洗得更乾淨……

想要洗得更仔細，可用指腹輕推，就像輕碰布丁或豆腐的感覺。

<注意點>

●不可用力潑水！
●用蓮蓬頭沖洗時，
注意水溫和水壓。

基礎洗臉的原則並不困難。只要不刺激肌膚，選擇自己方便的做法即可。

也有人利用鼻子噴氣的方式製造水波洗臉。

<不可搓揉肌膚的理由>

毛孔的周圍有一圈像香菇頭般的帽狀突出物，搓揉肌膚會使這些突出物翻起斷裂，造成皮膚發炎、毛孔變黑、肌膚暗沉或斑點。皮膚一旦發炎，皮脂就無法排出，容易變成痘痘肌。

基礎洗臉❷　用純皂洗臉

＜準備工具＞

● 純皂
● 5 公分大小的方型海綿
（廚房用海綿即可）

❶用海綿搓出泡沫，
分量約一個乒乓球大小。

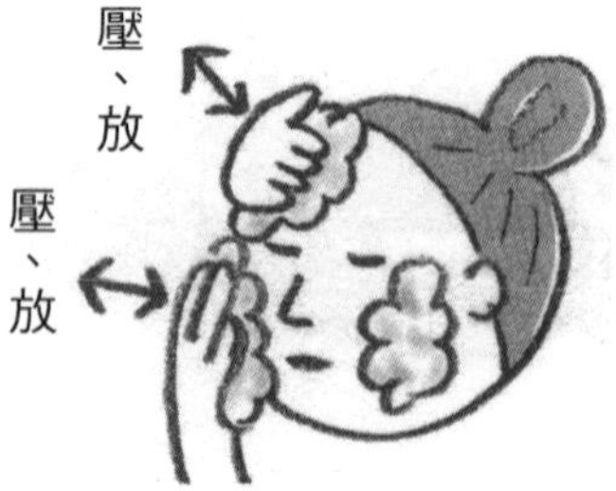

❷大範圍的面積用「掌壓清洗」

用沾有泡沫的手掌按壓額頭、臉頰等處，在泡沫被壓扁、掌心即將碰到皮膚前放開。按壓時可感受泡沫在掌間滑動，被手掌擠壓、吸起的感覺。

❸凹凸不平的部位用「點壓清洗」

眼周、鼻翼兩側、下巴等處，用沾有泡沫的手指溫柔地撫摸推輕，讓表面沾附泡沫。

❹用「基礎洗臉」的要訣洗掉泡沫

基本擦拭

3～5秒

將毛巾輕輕往臉上按壓

洗完臉後，立刻用毛巾將水吸乾，絕對不能搓揉肌膚。將毛巾按壓在臉上幾秒，讓毛巾吸收水分。

卸除眼妝的方法

用兩根棉花棒夾住，卸除睫毛膏

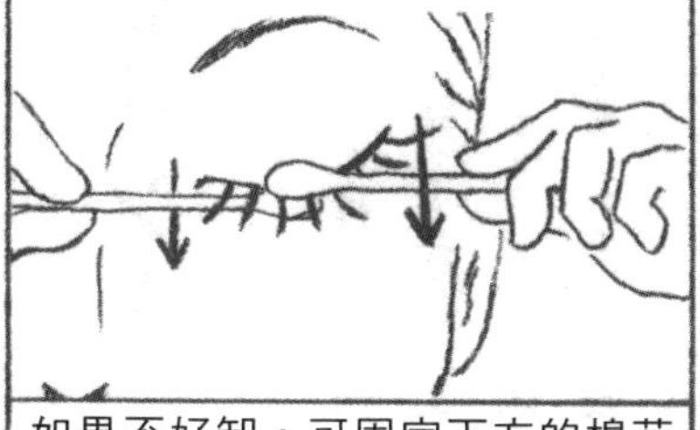

如果不好卸，可固定下方的棉花棒，再從上轉動棉花棒仔細卸除。

用「滾動法」卸除眼妝

將沾有水的棉花棒來回滾動一到兩次，將眼妝卸除

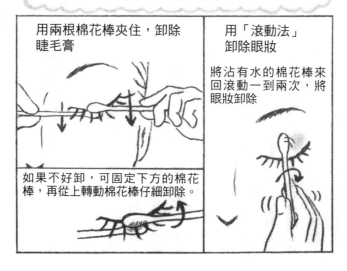

保養 基礎保養

脫屑抹「凡士林」

凡士林是從石油中提煉出來的副產品，是非常好的東西。植物油或動物油脂只要曝露在空氣中一天就會開始氧化，但凡士林卻要幾年的時間。因此在某段時期，凡士林還曾經被用在隆鼻或豐胸手術上（不過幾年後還是有氧化變質的問題）。

凡士林還有一個優於其他油質及乳霜的特點，就是它很難被皮膚吸收。

不易氧化，就不會對皮膚造成刺激，同時又很難被皮膚吸收——因此，凡士林對肌膚來說是最無害的物質。皮膚病造成的皮膚潰爛，或燒燙傷造成的紅腫脫皮，都可以擦凡士林來保護患部。而乳霜或乳液則因為帶有強烈刺激性，所以無法用來治療傷口。一般而言，整形重建外科醫生都不會用它們來治療傷口或燒燙傷。

當肌膚嚴重乾燥的時候，角質細胞末端會像烤魷魚乾一樣捲曲翹起，讓肌膚呈現脫屑的狀態。

一旦嚴重脫屑，肌膚中的水分就容易從細胞的縫隙中蒸發，這時可以在這些部位塗抹微量的凡士林。凡士林可以讓翹起的角質細胞緊貼皮膚，讓皮膚不再乾燥。

如果肌膚感覺搔癢或刺痛，也可以塗抹微量的凡士林。肌膚之所以會搔癢或刺痛，是因為過度乾燥，在表皮造成肉眼看不到的微小裂傷，因而引發輕微發炎。凡士林的包覆可讓肌膚免於外來的刺激，讓傷口容易癒合。

塗抹凡士林的原則，只限於皮膚出現脫屑或發癢刺痛的狀況，沒有這些症狀的地方不要擦。不塗不抹才是維持肌膚健康的最佳方式。

不過也有例外。例如，眼角周遭容易在冬天因乾燥出現細紋，這時便可在外出時塗抹微量的凡士林，讓細紋不至於那麼明顯。另外，當相對濕度低到10～30％或空氣異常乾燥的冬天，也可在全臉塗抹一層薄薄的凡士林後再出門。

另外就是唇部容易乾燥的人，經常會不自覺地舔嘴唇，這個舔舐的動作會沾濕唇部表皮，讓嘴唇變得更乾燥。塗上凡士林後，不論怎麼舔都不會直接接觸唇部肌膚，嘴唇就不容易變乾。

◇半顆米粒大小為最適量

凡士林的用量極少，用棉花棒末端稍微沾取，大約取半顆米粒大小。將這少許凡士林用手掌充分推開，再按壓在需要的部位即可。

因為搓揉會傷害肌膚，所以要用「按壓」的方式。如果覺得分量不夠，就用同樣的方法再做一次。

不過，就算是凡士林也不能使用過量，一旦過量便會造成肌膚乾燥。就像如果用保鮮膜將皮膚裹住，幾分鐘後從肌膚滲出的水蒸氣會在保鮮膜內側凝成水滴一樣，如果用凡士林蓋住肌膚，從皮膚滲出的水分就會積存在皮膚和凡士林之間。

這些水分被角質層表面的細胞吸收後，早晚一定會蒸發。一旦蒸發掉，角質層就會遭到破壞，天然保濕因子也會隨著一起蒸發、流失，讓肌膚變乾燥。

凡士林還有一個好處，就是它不會氧化，所以幾乎不會造成肌膚的傷害，因此不需要用純皂之類的東西卸除，只要用水清洗就夠了。這麼一來，隔天早上皮膚還殘留著昨天的凡士林，就不用再擦一次。當然，如果還是感覺乾燥的話，可用同樣的方法在需要的部位再擦一次。

很多人覺得凡士林太過黏膩，那其實是用量的問題。如果懂得技巧，只取肌膚需要的用量，這世上就再也沒有比凡士林對肌膚更溫和、更有效的保濕劑了。

以下是測試凡士林是否「適量」的方法：用手指在鏡子上按壓，鏡子上會出現清晰的指紋，這就是適量的標準。在臉部擦過凡士林後，可將臉貼在鏡子上，如果留在鏡子上的油膜比指紋黏膩模糊，那就是塗太多了。請大家嚴守「最低限度用量」的規則。

◇保持清潔最重要

市面上的凡士林有兩種，黃色是純度低的，白色則是純度高的。白色凡士林呈純白透明，如果要擦在肌膚上，請務必使用白色。

一罐凡士林，依大小不同可能會用一、兩年不等。因為使用時間長，保持清潔就重要，使用時不能直接用手挖，一定要用牙籤或棉花棒；加上攪拌會使空氣進入產生氣泡，因此取用時要盡量保持表面平整，如果凹凸不平，接觸空氣的面積就會增加。

即使做到以上的注意事項，隨著時間一久，接觸到空氣的表面還是會有黴菌滋生，因此要記得定時將表層刮除。

如果超過一年沒有使用，細菌可能會在裡面繁殖，再次使用時，一定要記得刮掉表層，使用不曾接觸空氣的部分。另外，即使再怎麼不易氧化，如果實在買了太久，還是丟掉比較安全。

◇戴帽或撐傘比擦防曬更好

防曬產品就是含有抗紫外線成分的乳霜，它會溶解自體保濕因子、破壞皮膚的保濕防護，造成肌膚乾燥。

同時，卸除防曬產品時必須搓揉肌膚，會讓細胞間質跟著一起流失，這對肌膚的傷害比曝露在紫外線下更大。

以東方人來說，10至15分鐘的陽光還無法讓皮膚產生足以長出黑斑的黑色素，根本用不著擦防曬。

如果只是外出倒垃圾、曬衣服或買東西，用帽子或陽傘就足以預防紫外線。

最近市面上有許多使用遮光材料、防曬效果高達90％以上的帽子和陽傘，如果能好好地利用這些防曬用具，也能得到不輸防曬產品的效果。

選擇遮陽帽時，最好選擇全面都有帽緣的樣式，這樣側面和後面都能避免紫外線的傷害。帽緣的長度大概在 8 公分左右，就能遮到臉部和頸部。

如果是去南方島嶼旅行或長時間在戶外運動，可以學習球僮的穿著打扮，戴上帽緣大的帽子，再用布蒙著臉。

如果是逛街或打高爾夫的話，又該怎麼辦呢？這種時候也只能擦防曬了。

如果不得不擦防曬，最好選擇以凡士林為基底的防曬產品（如「VUV Protect」10 g，1500日圓，製造商Aimee Rozen，傳真043-301-3782，e-mail：info-cu@aimeerozen.jp）。

如果是以凡士林為基底，就不用擔心它會像乳霜一樣滲入肌膚、溶解自體保濕因子，破壞肌膚防護；加上它不易氧化，所以也沒有防腐劑。

目前，市面上的防曬產品分成「物理防曬」及「化學防曬」兩種。

物理防曬的主要成分是「紫外線散亂劑」，溫和不傷肌膚，但透明感差、不易清洗。

化學防曬的主要成分則是「紫外線吸收劑」，輕薄透明好清洗，但很傷肌膚。

如果買不到以凡士林為基底的防曬產品，至少也要選擇不含紫外線吸收劑，成分以紫外線散亂劑為主的產品。

另外，防水的防曬產品也要盡量少用。某些防水的防曬產品，只能靠洗淨力超強的專用卸妝劑才卸得掉。這種專用卸妝劑跟去光水沒兩樣，因此也比一般卸妝產品更傷肌膚。

彩妝
化妝❶

底妝

◇如何選擇粉底

如果實在沒自信素顏示人，一定要擦粉底的話，那就請選用粉狀的粉底。

粉狀粉底大多不含油質和界面活性劑，不然就是含量極少，對肌膚的傷害要比乳、液狀的粉底少很多。

如果想將肌膚傷害減到最小，就選用被稱為「蜜粉」的定妝粉吧！它完全不含傷害肌膚的成分，使用少量的蜜粉來代替粉底，肌膚也能看起來光滑細緻。

如果想為肌膚上底妝，就在粉狀粉底和蜜粉之間選一種使用。

另外，前面也提到過，上妝時絕對不能用遮瑕膏、隔離霜或飾底乳這類東西，它們基本上和液狀粉底沒兩樣，擦越多對肌膚的傷害越大。

如果臉上有非蓋不可的斑點或痘疤，建議還是直接接受治療。在醫學發達的現代，這些斑點和痘疤都可以有效去除，而且安全無虞。

◇凡士林是最好的隔離霜

唯一可以擦在皮膚上的油脂就是凡士林，連上底妝時都可以使用。粉狀粉底和蜜粉或多或少都會使皮膚乾燥，如果覺得上粉後肌膚乾燥，請不要用隔離霜，可抹微量的凡士林打底。

另外，如果肌膚受損嚴重、肌理紋路消失，就算擦了粉狀粉底或蜜粉也無法吃妝。要是這樣，可以用微量的凡士林來代替隔離霜，它能幫助粉末附著在肌膚上，防止脫妝。

如果有重要會議或正式場合，非得用遮暇膏、ＢＢ霜等讓自己看起來完美無暇，最好先用凡士林打一層薄薄的底，避免直接碰到皮膚，對肌膚的傷害就能減少一些。

彩妝
化妝❷

局部上妝

為了讓外表看起來更亮麗，局部上妝是ＯＫ的。

當然，如果單純以肌膚的健康考量，最好是連局部上妝都不要。因為上妝和卸妝都免不了會傷到肌膚，而且依產品的不同，當中的油質、界面活性劑或防腐劑都會接觸到皮膚。

既然是局部上妝，就是只畫眉毛、眼睛、嘴唇等重點部位。透過顯微鏡檢測，可以看出它們對肌膚的傷害不像全臉化妝那麼嚴重，兩頰等處的肌理消失狀況也比較不明顯。

古時候，日本武士為了讓自己不顯得疲累、憔悴，會刻意打扮自己，在臉頰上些紅色，這在《葉隱》一書也有記載。

對現代女性而言，化妝也是儀表相當重要的一項，因為化妝能使人心情快樂，旁人看到也會覺得賞心悅目。

只是化妝品對肌膚實在有害，所以化妝的絕對要件，就是盡量選用不含界面活性劑或油質的產品，完全不用卸妝產品，並小心不要搓揉肌膚。

最重要的是，除非必要，最好盡量不要化妝。一旦有搔癢、泛紅、脫屑等症狀，在症狀完全消失前，至少要停 2 到 3 天讓肌膚休息，這些都是注意的重點。

◇習慣性揉眼會讓人老10歲

你聽過「眼瞼下垂」嗎？

上眼瞼的內側有保護眼球的「眼瞼板」，眼瞼板上方有負責眼瞼開闔的「眼輪匝肌」，這兩者靠「提眼瞼肌」相互連結。如果提眼瞼肌肌腱鬆弛、斷裂或鬆脫，眼皮就會垂落，這就是「眼瞼下垂」。

眼瞼如果下垂，眼睛便不容易睜開，眼皮會蓋住眼球上方，眼眶向下塌陷。

這麼一來，眼睛四周就容易產生黑眼圈和眼袋，嚴重的話還會造成全臉細紋及鬆弛。眼瞼下垂會讓人的外表看起來馬上老10歲，最近甚至發現它也和肩膀酸痛、頭痛及憂鬱症有關。

連結眼瞼板、眼輪匝肌的「提眼瞼肌」，和同為肌腱卻粗壯強韌的「阿基里斯腱」不一樣，它的前端組織薄得如魚卵外膜，很不牢靠。因此，只要稍微搓揉拉扯，它就會變鬆脫落、造成眼瞼下垂。例如造成現代人眼瞼下垂的原因之一，就是戴隱形眼鏡。

想預防眼瞼下垂、避免臉部老化，最重要的就是盡量不要搓揉、拉扯眼皮。除了化眼妝時要小心，還有些人會習慣性地揉眼睛，也要多加注意。

◇眼影只需擦一次

眼影也要選用粉狀的產品，因為霜狀類含有油質和界面活性劑，加上必須用手或眼影棒推開，會大力搓揉到眼部肌膚。

畫眼影時，最好用柔軟的毛刷一次完成。如果來回好幾次，會拉扯到眼部肌膚，使肌腱薄膜變鬆脫落、造成眼瞼下垂；持續磨擦也會讓黑色素增生，造成黑眼圈。

只要縮小眼影的範圍，即使長期使用也不會造成傷害。

畫眼線也有要注意的幾個重點。

眼線產品中，對肌膚傷害最大的就是鉛筆型眼線筆。為了畫出自然的眼線，必須一邊拉扯眼尾，一邊塗著眼皮邊緣的眼睫毛根部間隙，但因為太傷眼皮，最好不要每天這麼畫。

用力拉扯眼尾，很容易造成眼瞼下垂。

眼睫毛的根部及毛孔又十分纖細易損，如果持續用鉛筆的堅硬筆芯刺激，會破壞角質細胞和肌膚防護。長久下去，就會出現乾燥缺水等肌膚問題。

其實，最近越來越多女性出現眼皮邊緣發癢及刺痛的問題。用顯微鏡觀察後，發現她們該部位的肌膚紅腫發炎，同時還有大量黑色素堆積。

這也許是乾燥發炎造成的搔癢，也許是鉛筆成分造成的接觸性皮膚炎，但不管是哪一種，結果都是紅腫發炎。肌膚長久處在發炎狀況，會造成肌膚變色，眼皮邊緣自然變得暗沉。

在眼皮上擦粉底也是禁忌。或許原本的用意是為了遮蓋眼皮的暗沉，但擦了粉底後，又多了一道清潔的手續，反而再次傷害肌膚。

如果不想眼影這類「異物」直接接觸脆弱的眼皮，可用微量的凡士林輕輕按壓在眼皮上，這麼做可以讓眼影的傷害減至最低。

不過，記得卸妝時不要刻意將凡士林洗淨，那樣反而加重傷害。凡士林有難以氧化的特性，些許的殘留會隨著污垢一起脫落，不管它也無妨。

◇睫毛膏會造成發炎

睫毛膏在近來十分流行，我們診所裡的女員工也會擦。

「醫生，這是擦在睫毛上的，不是直接擦在皮膚上，應該沒關係吧？」

「擦在睫毛上？真的沒問題嗎？」

我是個實事求是的人，因此打算觀察一陣子看看。

然而，用顯微鏡檢測之後發現，她們眼皮周圍的皮膚已經紅腫一片。擦睫毛膏的人自己沒感覺，但她們的眼皮已經嚴重發炎了。這種發炎的情況如果持續一年半年，眼皮就會變暗變黑。

不用說，我立即向診所女員工發出「禁用睫毛膏」的警告。

如果睫毛四周持續發炎，眼白就會開始泛紅，這種狀況再持續下去，連眼白裡的膠原都會增生，微血管增加，眼白的部分變得黃濁，眼睛就變得容易乾澀。

許多病患在治好眼皮慢性發炎的症狀後，不只眼皮膚色不再暗沉，連眼白都回復清澈透亮，乾眼症也痊癒了。

這時，我們才知道睫毛四周的發炎，與眼白發黃及眼睛乾澀等症狀有關。

想要更美的欲望如果不斷擴張、不加節制，最後會落得眼白黃濁、眼睛不適、疲勞甚至視力變差的下場。以素顏美女為目標才能讓人充滿活力，擁有健康美。

眼影、眼線和睫毛膏，對皮膚來說都是多餘的，和有害的異物及污垢沒兩樣。為了漂亮而讓皮膚一直承受慢性發炎的危害，值得嗎？

使用睫毛膏也和其它化妝品一樣，不要每天擦，有特別場合時才使用。

不過，當眼皮有搔癢、泛紅、脫屑、斑疹、暗沉等任一症狀時，就一定要立刻停用。

◇口紅、唇蜜擦一種就好

近來，口紅、唇筆或唇蜜都成了唇妝的必要道具，但無論是口紅或唇筆唇蜜，全都含有界面活性劑，種類擦得越多，對唇部的傷害就越大。這些唇彩一旦滲入皮膚裡層，就會引起慢性發炎。一旦發炎，黑色素就會沈澱，讓唇色變暗沉。

想將傷害減至最低，就選用一種即可，只擦口紅或只擦唇蜜。而口紅塗得越厚，滲入皮膚的界面活性劑就越多，只擦薄薄一層最安全。

嘴唇是一種黏膜組織，如果狀況良好，唇色就會光澤透亮。為了擁有健康的唇色而擦唇蜜，結果反而使嘴唇變得不健康，豈不是本末倒置？

嘴唇一旦有黑色素沈澱，唇色會變得紫黑，這種情況可以用雷射治療。為了掩蓋泛紫的唇色而擦上厚厚的口紅，結果造成發炎泛黑，還不如趕快接受治療回復本來美麗的唇色。

如何持續「宇津木保養法」

◇絕對能看見成果

只要能貫徹「清水洗臉」的宇津木保養法，絕對能看到成果，肌膚也會美麗再生。

那麼，要花多久的時間才能看到成果呢？

美妝使用年數越長、越注重保養的人，肌理消失的程度就越嚴重，要回復到完美肌膚，自然也得花最長時間。

皮膚狀態從最理想的0到最糟糕的III，可分成4個階段（參考第31

頁）。

就我所知，用「宇津木保養法」回到理想O的「最短記錄」：階段I是7天，最嚴重的階段III也花不到2個月。

就算沒有這麼快，例如一位膚況為嚴重階段III、年齡37歲的A小姐，也只花6個月就回復到理想O。

最開始，她花了2個星期將肌理紋路恢復到鉛筆線般細淺的階段II；3個月後進步到階段I。最後，她只花2個半月，就到達肌理紋路細緻、整齊美麗，肌理三角形飽滿豐厚的理想O。

在我治療過的3千多名病患中，皮膚再生耗時最久的，是一位當時46歲的美容師B小姐。

因為工作的關係，她比一般女性更用心、更注意、更努力地保養。

B小姐從最嚴重的階段III恢復到最理想的階段O，前後大概花了11年的時間，連我都開始懷疑她的肌膚是否因為受損太嚴重，肌理已經無法再生了。

但是，B小姐仍然一直堅持我的保養方法。

剛開始的一、兩年，她的肌理有了些許改善，來自周遭的讚美漸漸變多。但是，雖然肉眼看來已經有改善，她的肌理狀況還是停留在階段III。

大家不時的讚美，給了她堅持下去的力量。在此同時，她的肌膚狀況也在一點點改善，終於在第11年的時候，她的肌膚回復到最理想的階段O。

B小姐是極為特殊的少數例子，一般從最嚴重的階段III到理想O，頂多也只有2到3年，大多數人更是在1年內就能達成目標。

◇肌膚迅速「軟嫩Q彈」

膚質改善的速度雖然因人而異，但只要開始實行，大家很快就會發現肌膚表面變得比以前更細緻、柔軟。這就是角質層變健康，肌膚防禦功能回復的證據。

因為角質層變健康，肌膚的防護功能也恢復，所以基底層的細胞分裂變得旺盛，新的細胞依序生成，肌膚的肌理紋路也就越來越明顯。

角質層是決定皮膚全體狀況的關鍵，如果表皮細胞增生、表皮變厚，真皮層也會開始製造膠原，增加肌膚的彈力和張力。當肌膚全體充實飽滿，摸起來自然軟嫩Q彈。

這麼一來，洗完臉後肌膚就不會再感覺緊繃，構成肌膚防護的自體保濕因子不曾流失，也沒有滲入其他異物，長此以往，肌膚自然保水潤澤，充分發揮保濕作用。

但是，也有許多人「斷」不掉保養品，到最後半途而廢。

很令人遺憾的是，「肌膚一定要保養」這個觀念，幾乎已經成為全球通用的「常識」。

尤其是一直以來都很注重保養的人，在剛開始的一、兩個月，都會被肌膚乾燥的感覺弄得心煩意亂、難以忍受。

剛洗完臉是肌膚最乾燥的時候，這時若擦上化妝水或乳霜，肌膚會變得黏膩濕滑，讓人誤以為是肌膚原有的水潤光澤。

一旦徹底實施宇津木保養法，膚況就不會被保養品所掩蓋，會直接露出肌膚的原貌。如果防護層已被破壞，受損肌膚的慘況就會赤裸裸地顯現出來，脫屑和細紋變得更明顯，加上皮膚變薄，膚色變得泛紅、色斑多，摸起來也十分乾燥粗糙。

如果這時忍不住擦了化妝水或乳霜，一切就前功盡棄了，因此無論如何都一定要忍耐。只要熬過1個月讓肌膚新陳代謝出新的皮膚，乾燥情況一定會慢慢改善。

很快地，肌膚就會恢復原來細緻Q彈的觸感了。

◇隨時掌握膚況

實行宇津木保養法時，有一個值得信賴的好幫手，就是可以在家裡使用的可攜式顯微鏡（可參考「Pocket Micro」，9800日圓，SCALA股份有限公司，03-3348-0181）。將它連結到iPhone就可以看到鮮明的肌膚影像，十分方便好用。

當肌膚乾燥緊繃，實在很想擦點乳霜時，或是像我太太10年前那樣，開始對「不擦保養品」的保養法心生懷疑時，就用這個家用型顯微鏡實際檢視一下自己的肌膚吧！說再多也比不上親眼所見。

顯微鏡不會說謊，透過它可以知道肌膚的真正狀況。雖然肌膚乾燥的情況不會那麼快改善，但顯微鏡卻能幫助我們知道肌膚的確在慢慢再生中。這些影像能化為鼓勵及喜悅，成為堅持下去的力量。

另外，建議大家檢視時最好固定選擇同一個部位，不同位置的肌理狀態是很不一樣的，而頻率則1個月1次即可。

如果肌理紋路紊亂不明，只要看一眼就明白。像這時就該思考一下，是不是洗臉洗得太用力了？是不是一直都睡眠不足？是不是壓力太大了？如此檢討一下自己，也藉此讓肌膚和生活都回歸正常。

◇給戒不掉保養品的人

在我的病患中，有人一鼓作氣立刻停用保養品，只用清水洗臉；也有人是循序漸進，一點一點地慢慢停用。這兩個方法都行，大家可以依自己的個性和生活型態，選一個適合自己的方法。

不過，即使是選擇循序漸進，也一定要先停用卸妝產品。卸妝產品會同時「卸掉」對肌膚十分重要的自體保濕因子，造成極大傷害，更別說讓肌膚恢復健康了。因此想擁有健康肌膚，停用卸妝產品是第一要件。

接著是乳霜，再來是乳液、精華液、化妝水，依序進行。

每次逐步減少保養品的用量，也是不錯的有效方法，可將用量控制在不滲入肌膚的程度，也就是只停留在肌膚表面的程度。

然後，再慢慢將使用頻率給拉長，由1天1次減至2天1次……延長停用保養品的時間，到最後全部不用。而且，在塗抹保養品時也一定要用手掌勻開，用按壓的方式塗抹在必要的部位，同時記得將用量控制在不黏膩的程度。

如果是開始的時機，只要做好心理準備，基本上是「隨時都可以」。有人會問，就算是冬天也可以嗎？的確，冬天空氣又乾又冷，皮膚的新陳代謝容易變差，對肌膚而言是嚴酷的季節，在這種時候停用保養品，確實很令人難受。但只要忍過1個月，肌膚就可以穩定下來，等春天到來時，就能擁有煥然一新的水嫩肌膚了。

選日不如撞日。讀完這本書後，請大家立刻開始「斷保養」吧！別管季節如何，也別再拖拖拉拉，如果想要擁有美麗肌膚，任何時候都是開始的時候。

◇「不貪心」是成功秘訣

塗了乳霜擦上粉底後，肌膚在當下或許真的看起來「水潤」、「光澤」、「有彈性」。

但是，在肌膚水潤光澤的假面具之下，肌膚的自體保濕因子被溶解、防護遭到破壞，細胞停止分裂，皮膚不斷萎縮。這種情況如果持續下去，肌膚早晚會整個老化。

和最愛的人約會或參加同學會與久違的老友見面，像這種特別的場合，偶爾擦個粉底讓肌膚看起來美麗細緻或許情有可原。但每天都塗脂抹粉，只能說是一種「貪念」。晚上也就算了，但在白天，沒擦粉底的人肌膚看起來一定比較漂亮。

曾經有人做過一個很有趣的心理實驗。當一個人每天仔細上妝、化得美美的，一旦偶爾讓人看見她的素顏，周圍的人就會認定這才是她本來的樣貌，將之記在腦海裡。

但是，平常都素顏不化妝的人，偶爾化了亮麗彩妝參加宴會，大家看到後就會想：「原來這個人長得這麼漂亮啊！」從此將她化妝後的模樣當成真實樣貌，美麗的印象也會一直留在心裡。

大家想要當哪一個呢？

如果到了七、八十歲還能保有出生時的肌膚狀態，以美容的範疇來說，就算是一大成功了。換句話說，美容的基礎就是維持現狀。

只追求今、明的短暫美麗，只要現在看起來美麗就好，這種想法不但短視而且可悲。

不考慮將來的貪念，只會加速肌膚的傷害。為了5年後、10年後仍擁有美麗肌膚，一定要摒除只顧當下的貪念。

只要不對肌膚做出「揠苗助長」的行為，放手讓肌膚自我成長，就能永遠維持80～100%的美麗。

但是，如果每天強求超出120、130%的年輕和美麗，肌膚終將漸漸惡化，到了最後，會連原本的50、60%都留不住。

【Column】

5 年來只用「清水」洗澡、洗頭

我已經有 5 年完全不用肥皂或沐浴乳，只用溫水清洗身體，結果令人大為滿意。最明顯的就是我的體味不見了。我們身體異味的來源之一，就是皮脂氧化後的過氧化脂質。每天用肥皂或沐浴乳洗澡，會搓掉皮膚表面的皮脂，身體為了補充失去的皮脂會再次大量分泌，導致過氧化脂質等產生異味的物質大量增加，加重體味的產生。

除此之外，我的臉部和身體在這 5 年也變得更光澤有彈性。比起為了看診或手術必須用肥皂清洗的雙手，這些地方的皮膚明顯漂亮許多。

頭髮的變化也很大。以前我的頭髮和貓毛一樣細，感覺脆弱又不牢靠，直到我停用洗髮精，頭皮少了界面活性劑的傷害後，現在不但又黑又粗，還變得更強韌，只要沾水用梳子梳一下，就變得整齊有型。這是因為包覆毛髮表面的膽固醇和脂肪酸等油脂，適度地殘留在毛髮上，發揮了造型液的作用。用它們做造型，頭髮不會濕黏，永遠都是清清爽爽的。

Part 5

明天起效果立現！
肌膚保養的新觀念

了解正確觀念，改掉錯誤習慣，
肌膚就能回復原本的水潤光澤。
戒掉保養品，貫徹清水洗臉，
平日的保養正確了，
惱人的肌膚問題才能徹底解決。

Q：面膜真的有效果嗎？
剛敷完時，皮膚的含水量似乎真的變好……
A：長時間將肌膚泡在水裡，會讓肌膚變乾燥。

化妝水約有90％的成分是水。將水抹在肌膚上，當水分蒸發的同時，最上面的角質細胞就會像風乾後的濕報紙一樣捲曲翹起，細胞與細胞間會產生龜裂，導致內部的水分蒸發。換言之，化妝水會讓肌膚乾燥。

敷面膜，等於是將吸滿化妝水的棉布貼在肌膚上10幾分鐘。

只擦些許化妝水對皮膚就不好了，更何況是將濕棉布貼在臉上，將肌膚長時間泡在水裡？剛敷完面膜角質吸收了水分，或許感覺很濕潤，但隨時間風乾後，對角質的傷害更大，皮膚會因此變得更乾燥。如果敷完臉後看起來水嫩光澤，也是因為之後擦了精華液或乳霜，肌膚變得黏膩濕滑的關係吧！

剛敷完臉的皮膚，所增加的不是肌膚本身的含水量，而是堆積在皮膚表面的化妝水水分罷了。一旦洗完臉，這種「濕潤感」會馬上消失，肌膚會變得更乾燥緊繃。

Q：長青春痘用純皂洗臉比較好？肌膚一定要徹底清潔才對？

A：用純皂清潔過度，會讓皮脂的分泌增加，青春痘反而冒更多。

皮脂分泌過多會壓迫毛孔出口、造成毛孔阻塞，這麼一來，皮脂就會堆積在皮脂腺或毛孔裡氧化發炎，引發青春痘。換言之，長青春痘的最大原因，就是毛孔阻塞。

為了快速除去阻塞毛孔的皮脂和髒污，有些人會用肥皂一天洗好幾次臉。

但是，用肥皂洗去皮脂不但毫無意義，還會破壞肌膚防護、讓肌膚極度乾燥。一旦肌膚變得乾燥，角質就會變厚變硬，反而更容易阻塞毛孔。過度清洗會讓皮膚誤認皮脂量不足，造成皮脂分泌異常，使毛孔更容易阻塞，進而引發青春痘。

再者，一旦洗臉洗得太過用力，毛孔突出的部分容易受傷，這也是造成毛孔阻塞的原因之一。

有青春痘煩惱的人應該別用肥皂，盡量只用清水洗臉。剛開始時會覺得肌膚黏膩不適，但是2到3週後，皮脂量就會逐漸減少。等過了2到3個月後，就不會再意識到皮脂的存在，毛孔阻塞的情況也會改善，青春痘也會跟著減少。

乾燥也是造成青春痘的原因之一，這時改用清水洗臉，肌膚乾燥的問題會漸漸獲得改善，青春痘就不易形成。

不過，造成青春痘的原因還有很多，突然改變保養習慣也有可能讓病情更惡化。

我建議最好先到皮膚科諮詢一下。在治療的過程中，聽從主治醫生的指示。

Q：讓肌膚光滑的磨砂洗面乳OK嗎？

A：磨掉成熟的角質細胞，肌膚開始變乾。

的確，用了磨砂膏後，由於表面的角質層脫落，肌膚當下會變得滑嫩細緻。

但皮膚最外層的細胞都是熟成到最佳狀態、富含自體保濕因子的角質細胞，如果用磨砂膏硬將它們「磨」掉，顯露在外的就會是下方還未成熟的角質細胞。這種角質細胞十分柔軟濕潤，一時之間會讓人產生肌膚變好的錯覺，但因為它的保濕能力還未到火侯，因此隔天皮膚又會變得嚴重乾燥。

在此同時，因為角質細胞一下子被磨掉很多，所以基底層必須製造同樣數量的新細胞才行，在還未做好分裂準備的趕工情況下，也可能會產生許多不夠成熟的表皮細胞。這些細胞當然無法維護肌膚的健康。

聽說好萊塢女星在出席奧斯卡金像獎頒獎典禮前，都會到美容沙龍中心磨皮。

這種用磨砂膏去除皮膚角質的護膚美容，就像剝開水煮蛋的薄膜一樣，皮膚會馬上變得光滑細緻。這種光滑細緻的皮膚可以緊緊吸附粉底，再塗上飾底乳之類的「膠水」後，完美肌膚立即大功告成。

可是，就像水煮蛋剝除薄膜後表面會立刻變乾變硬一樣，最上層角質細胞被磨砂膏磨掉的肌膚，也很快就會變得乾燥緊繃。這種保養只適用於最重要的大日子，它不是平常該做的保養程序。

Q：戒不掉拔粉刺的妙鼻貼……

A：硬把粉刺拔除會讓粉刺更明顯，也更容易長痘痘。

看起來像草莓表皮一樣粗糙的粉刺顆粒，是已退化的毛孔及皮脂腺，或損壞剝落的角質細胞在毛孔中堆積形成的老舊廢物。

粗大的粉刺多數出現在沒有肌理紋路、皮脂分泌過盛的膚質。沒有肌理紋路的肌膚，幾乎無法從表皮的基底層製造新細胞，因此整個皮膚會變得很薄。

如果把皮膚想成一塊農田，粉刺想成是種在田裡的蘿蔔，農田的土壤因為雨水沖刷流失變少後，埋在土裡的蘿蔔就會露出來。同樣的道理，皮膚如果變薄了，一直埋在毛孔裡的粉刺就會冒出來。

用專用面膜拔除粉刺，粉刺會立刻被清乾淨，但在拔除粉刺的同時，毛孔的一部分也會跟著剝離，造成毛孔內部受傷。為了治療傷口，毛孔的角質層會像年輪蛋糕一樣不斷增厚。隨著角質層增厚，毛孔的洞會越開越大，粉刺也就變得更明顯。

在這種情況下，皮脂的出口被堵住，更容易引發青春痘。拔除粉刺只能獲得暫時的快感，等在後面的是粗大毛孔、更明顯的粉刺以及滿臉痘痘。

要讓粉刺變得不明顯，最重要的是增加田裡的土壤，讓蘿蔔深埋在土裡。

換句話說，就是讓皮膚變厚、變健康。首先要做的，就是停止保養品，小心保護肌膚重要的天然保濕因子和細胞間質。

如果情況真的很嚴重，也可以採用雷射治療。

Q：熱毛巾可以提高新陳代謝？
A：水和熱造成的「反效果」可能更大。

以醫學角度而言，每一種治療都必須考慮正反兩面的效果。醫生在做完兩種評估後，如果發現正面效果遠大於負面，或承受一點副作用便可換來極大好處，就會採行該項治療。

使用熱毛巾敷臉，也有正反兩面的效果。用熱毛巾敷臉會讓人感覺舒暢，這是由於血液循環變好的關係。當血液循環變好，新陳代謝會跟著提升，同時產生舒緩放鬆的作用，這些都是它的正面效果。

相對的，它也有不好的一面。肌膚處在高出正常體溫的熱度下數分鐘，會讓肌膚變乾燥，再加上水會破壞肌膚防護，所以用熱毛巾敷臉，它的熱能及水分會讓皮膚變得極度乾燥。

這個動作偶爾為之還不成問題，但如果太過頻繁的話，它所帶來的反效果可能會比暫時促進血液循環的正面效果還大，大家一定要注意。

熱敷時，可以先將熱毛巾放進塑膠袋，再敷在皮膚上，這樣可多少促進肌膚的新陳代謝、改善血液循環，也能獲得舒緩放鬆的效果。其實，想讓血液環循變好，適度的運動也是很有效果的。

Q：保養品也有天然成分的吧？
A：天然不等於安全。

基礎保養品的廣告文案，都標榜天然成分、不刺激肌膚。但是，天然成分並不代表不刺激肌膚或比較安全，這種說法根本毫無根據。

保養品的成分裡，有些是天然材料萃取的，有些是人工化學合成的。至於有毒與否或安全與否，跟天然或人工的完全沒關係。

例如，自然界的漆樹液就比化學提煉的凡士林更刺激皮膚。凡士林對肌膚幾乎無害，但皮膚一碰到天然的漆樹液，就會立刻長出紅疹。除此之外，自然界也存在著像河豚毒素、肉毒桿菌毒素或蛇毒等天然毒素。

凡士林雖然是化學提煉的東西，但也可以解釋成是從石油這種天然材料中所萃取出的成分。不要被天然、人工合成這種商業話術給騙了，「天然就等於安全」，這種邏輯既天真又毫無科學根據。

Q：持續使用美白保養品有效果嗎？

A：長期使用可能會使黑斑或暗沉更加惡化

對於前來治療黑斑的病患，我都會詢問「是否用過美白產品淡斑」及「效果如何」。

幾乎所有病患都回答「曾用過多種美白產品」，但9成的人都表示

「沒什麼效果」，只有1成回答「黑斑似乎有點變淡」；而回答「黑斑完全消失」的人，則一個也沒有。

既然有1成的人說黑斑變淡了，可見其中的美白成分，對某些人來說多少有點效果。既然有人真的出現效果，其他人就會想要試試看，只要不是完全無效，大多都會耐著性子再擦一段時間看看。

但是，長期使用美白產品，卻會讓暗沉和黑斑更加惡化。要讓美白成分深入肌膚、淡化斑點，勢必得破壞皮膚防護，這就必須藉由油質或乳霜等界面活性劑。這些東西對皮膚來說都是外來物質，一旦和美白成分一起滲入肌膚，就會引起發炎。

當肌膚持續處在紅腫發炎的狀態，數週後該部位的黑色素就會增加，而已經形成斑點的部位，更是只要一點刺激就會增生黑色素。因此，擦美白產品反而會讓黑色素增加得更快，黑色素又是造成暗沉和黑斑的主因，持續使用反而會使暗沉和黑斑惡化。

Q：吃膠原蛋白，皮膚會變Q彈嗎？
A：完全不會。

膠原蛋白的分子量很大，所以不可能直接被人體吸收再運送至肌膚。

膠原蛋白是位在皮膚真皮層、付予肌膚彈力的纖維蛋白，是由各種氨基酸如鎖鏈般串起的蛋白質。它無法直接被吸收，必須被分解成胜肽（peptide，由兩個以上的氨基酸連結而成），再分解成氨基酸，才能被人體吸收。

也就是說，吃膠原蛋白，就跟吃肉、吃魚沒兩樣，補充再多也不會直接加惠到肌膚上，變成真皮的膠原蛋白纖維。

膠原蛋白一旦被分解，就會變成可消化吸收的氨基酸和胜肽，這些營養素在我們每天攝取的肉類及魚類中都有豐富含量，只要飲食正常就不會不足。

如果真的不足，或許還不無小補；如果不是，就是浪費時間及金錢了。

像現在流行的「吃的玻尿酸」也一樣，這種形態的玻尿酸是絕對無法被直接吸收的，就算吃了也不會增加皮膚的玻尿酸含量，和吃膠原蛋白的情況完全一樣。

Q：維他命可以用營養補充劑補足嗎？
A：連維他命C攝取過量都可能對人體有害。

維他命C是水溶性的，就算攝取過量也會和尿液一起排出體外，所以之前大家都不擔心它的副作用。可是，近來已經發現維他命C攝取過量可能會對健康有害。

從癌症到心臟病，自由基（活性氧）被認為是所有疾病的導火線。維他命C的寶貴作用之一，就是清除這些有害的自由基。但是，當維他命C把自由基轉成無害的物質後，它自己卻變成了氧化的維他命C。

如果增加的是自由基，身體還有與生俱來的機制可以將它清除。但如果是氧化維他命C，在一般的情況下，體內根本不會出現大量的氧化維他命C，因此身體並沒有清除它們的機制。

這麼一來，就會造成氧化維他命C在體內大量囤積的可能性。也就是說，氧化維他命C對身體造成的危害可能比自由基更大；為了還原氧化維他命C，又必須動用體內寶貴的維他命C……因此，服用維他命C對人體到底是好是壞，目前還不明朗，期待今後有更新的研究結果出現。

維他命E攝取過量問題就更嚴重了。2004年美國心臟學會（AHA）發出警告，患有心臟病的人如果每天攝取260毫克以上的維他命E，死亡率會提高10％以上。

維他命E可以清除一種叫一氧化氮的自由基。

但這個一氧化氮不是只會對人體帶來危害，它也有調整血管收縮的正面功用。因此，服用大量維他命E過度清除一氧化氮，可能會使血管無法正常收縮，提高心臟功能不佳者的死亡率。

人體靠著奇蹟的平衡與巧妙的運作而得以存活，現有的醫學知識對人體奧秘實在了解太少。因為維他命C對肌膚好就大量補充，只不過是人類一廂情願的做法而已，這種思考邏輯未免也太淺薄了。

Q：用手掌拍打可使肌膚再生？

A：這麼做只會傷害柔弱的角質細胞。

肌膚不像電器，故障時用力拍打就能回復正常。的確，適度的刺激多少可以活化皮膚細胞，但以細胞的層級來看，拍打可說是嚴重刺激肌膚的粗暴行為，不同力道的拍打都會對角質細胞造成程度不一的傷害。

角質細胞只有大約0·01公釐大小，它就像微細的粉塵，在掌心拍擊的一剎那，肌膚表面的角質細胞就會瞬間錯開幾微米，細胞也會被拉扯開來。

靠感覺實在很難拿捏為肌膚帶來正面效果的適當力道，相形之下，這麼做更可能對肌膚造成更多的傷害。

Q：用化妝棉比較不傷肌膚？
A：化妝棉比手指更容易傷害肌膚。

大部分的人都認為，用化妝棉擦化妝水或乳液較不刺激肌膚。事實上，用指腹接觸肌膚對肌膚更溫和，傷害更少。

人類的手指十分敏銳，連僅僅0·01釐米的凹凸也能感覺出來。

毛孔根部的皮膚是凸出的，角質細胞的邊緣也是掀起的，手指可以敏銳地補捉到這些細微的凹凸，進而巧妙地控制力道，不讓手指傷到肌膚。

一旦包上一層化妝棉，手指就無法感覺這些微小的凹凸，導致棉布纖維拉扯到皮膚表面的突起，更可能傷到毛孔根部。

所以說，化妝棉比手指更容易傷害肌膚。

Q：按摩肌肉可以回春？

A：可能會導致真皮和表皮間的咬合被扯開。

有一段期間，我的皮膚門診裡增加了不少真皮和表皮交界錯開的皮膚病病患。這種傷口很像小水泡治療後留下的傷，有時會出現在皮膚遭到強力拍擊或磨擦後的情況，並不是很常見，卻大量出現在我的病患臉部。

我將她們的皮膚用螢幕放大出來。

「妳的臉上到處都是表皮和真皮交界被拉開的小傷口。看，這也是、那也是……妳是做了什麼把皮膚弄成那樣？」

「我聽說把皮膚用力按摩到發紅疼痛，對改善皮膚鬆弛很有效，所以就……」

把肌膚用力揉捏到發紅疼痛，會讓原本緊密咬合的真皮和表皮被扯開。我請她們先暫停這種按摩方式，等到下次回診，她們臉上的傷果然完全消失。當時，同樣類型的病患接連出現了好幾位。

就算只是讓皮膚略微泛紅的輕微搓揉，持續下去都會對皮膚帶來傷害，最後造成鬆弛及黑斑，更別說是這種「暴力攻擊」肌膚的行為了。

而且，臉部皮膚是靠著韌帶固定肌肉和骨骼才不致於下垂，如果按摩的力道過猛，韌帶會被拉長，讓臉部整個下垂，所以一定要小心。

Q：維他命C的離子導入有用嗎？
A：有，但千萬不能過量，且須控制在1個月1次。

維他命C有各種美肌的效果，如果適度使用，它有很強的抗氧化作用。不但可以抑制過氧化物質的生成，去除傷害細胞膜的活性氧；還能抑制皮脂分泌、緊縮毛孔，抑制發炎，促進真皮的膠原增生，讓肌膚富有彈力，並修復因紫外線或壓力過大而受傷的DNA。因為它能抑制黑色素的形成，所以也有超強的美白功效，以及修整肌理，讓肌膚光滑透亮的效果。

要讓維他命C滲入至肌膚裡層，就要靠離子導入。將溶於水中的維他命C離子化，分成正離子和負離子，再透過電流刺激，讓離子化的維他命C浸透至肌膚深層，效果比塗在肌膚表面要好上幾10倍。

一開始，我對離子導入也是半信半疑。不過在實際看過許多案例後，我發現每個月進行1次離子導入、持續1到2年的病患，的確比什麼都沒做的病患看起來肌膚更好，不但暗沉、黑斑改善很多，肌膚明亮度和毛孔細緻度也都有明顯提升。離子導入的確能讓維他命C滲透入肌膚裡層，這已經獲得了科學的證實，它的效果也讓我不得不承認。

但是，如果每天都進行維他命C離子導入，卻反而會造成肌膚乾燥、膚況惡化的情形。將離子化的維他命C透過電流強行導入肌膚，會讓肌膚中其他成分的離子被排擠；換句話說，如果導入過量的維他命C，可能會排擠到其它的重要成分。在維他命C補充劑那段我也提過，氧化維他命C或許會對人體帶來一些不良的影響。所以，離子導入千萬不可過量，最好控制在1個月1到2次。

市售的離子導入用維他命C，大多添加了防腐劑或抗氧化劑，並不建議使用。大家可以去藥局購買維他命C或維他命C誘導體粉末，將

5～10克粉末溶於1公升蒸餾水或軟水礦泉水中使用即可。

另外，要特別小心注意當中是否含有維他命C以外的成分，如果一不小心將奇怪的成分導入肌膚，很可能會造成不可彌補的傷害。

Q：染髮劑會傷害臉部肌膚嗎？

A：會。額頭、頸部後方、耳朵等染髮劑的「必經之路」都容易發炎

臉部、頸部後方等處的紅腫發癢，大部分都是染髮造成的。染完頭髮後的1到2個月，每次洗頭、流汗，肌膚都會受到染髮劑的危害。尤其是頸部後方、耳朵、額頭、脖子這些染髮劑和洗髮精「一定會經過的地方」，都很容易引起發炎。

染完頭髮的1到2週內發炎症狀最嚴重，過了1到2個月後情況就會改善。

但是，很多人都是在發炎症狀終於好轉時，又再度染髮，導致發炎情況又變嚴重，這個用顯微鏡檢視一下就能一目瞭然。

雖然有些人很快就會痊癒，但即使症狀再輕微，他們仍因為染髮劑造成了皮膚發炎。就算只是輕微的發炎，但如果一直反覆發生，頭髮還是會變細變少，皮膚的黑色素也會增生、變成褐色，這個我在前面已經一再重覆過了。

不論是永久性染髮還是暫時性染髮，對肌膚的傷害都一樣。如果可以避免，還是盡量不要使用染髮劑比較好。如果非染不可，暫時性的染髮劑會比永久性來得好。

不過，它們對皮膚的刺激強弱是因產品而異的，所以請選用適合自己的產品。

Q：喝水會讓肌膚的含水量增加嗎？
A：會，喝水能幫身體細胞提供水分，肌膚也會水嫩透亮。

肌膚的水分無法從外部補充，這麼做反而會使肌膚乾燥，因此要補充肌膚的水分，就只有喝水一途。喝水可以補充體內細胞的水分，讓肌膚水嫩透亮。如果水喝得不夠，體內的細胞會缺水，一開始是口乾舌燥，再來是眼睛乾澀、肌膚乾燥，最後連內臟也會乾燥缺水。為了維持全身包括肌膚在內的滋潤和健康，請認真補充水分。

人體一天必須攝取的水分是每公斤25～50cc，體重50公斤的人一天要喝的水量是1・25～2・5公升。雖說水分攝取過多，多餘的部分會變成尿液排出，但同時像鈉、氯、鈣等身體必須的電解質也會隨著尿液排出，所以還是得注意別喝過量。

最好的方式，就是平均分配一日所需的攝取量。如果一下子喝太多，只會一下子全部排泄出來，這樣就白費功夫了。

人體每天攝取的水分，一半可能來自蔬菜、米飯中的水分或茶水、咖啡、果汁等，但另外一半最好由「白開水」提供。除了白開水以外的水分，都必須經由過濾才能為身體所用，這會給身體帶來很大的負擔。

此外，在補充身體水分時，要盡量選擇軟水，不要選擇硬水。因為我們日常的飲用水大多屬於軟水，如果改喝硬水，身體會很不習慣。

我們世代都生長在水質為軟水的國家，飲用軟水是很自然的一件事，對保持身體健康、維持肌膚美麗來說都是最好的。

Q：壓力也會讓肌膚粗糙，真的嗎？
A：是的。壓力會引發肌膚問題，是美麗的大敵。

舉例來說，青春痘是毛孔產生的發炎症狀；所謂的發炎，就是異物入侵或組織受傷造成細胞死亡時，白血球對抗這些異物或死亡細胞所引發的生理反應。

斑點或暗沉的產生，則是因為褐色色素麥拉寧（melanin，又稱為黑色素）的囤積。而這個麥拉寧黑色素，是為了預防紫外線的危害而生成的。

如上所述，不論是發炎或黑色素囤積，都屬於身體的防禦反應。

如果長時間處在壓力之下，交感神經會一直受到刺激、呈現緊張狀態，讓白血球和淋巴球失去平衡，白血球變多。於是，只要一點小情況白血球就會過度反應、引起發炎，青春痘就容易形成。

同時，製造黑色素的黑素細胞（melanocyte）也會開始在發炎的部位暴走，就算沒接觸到紫外線，黑色素也會不斷增生，導致皮膚暗沉，最後長出黑斑。

一旦壓力過大，類固醇會在體內增生，表皮細胞的新陳代謝也會變得遲緩，讓症狀變得更嚴重。

為了肌膚的美麗，同時也為了身體的健康，必須讓負責壓力的交感神經緩和，讓負責放鬆的副交感神經開始運作，這是很重要的事。

我們可以在每天早上10點及下午3點養成放鬆的習慣，一到這個時間，就先放下手邊工作，閉著眼睛躺平，只要3分鐘即可。如果情況不允許，就坐在位置上全身放鬆，閉起眼睛冥想一下。這麼一來，造成交感神經亢奮的緊張情緒會一下子放鬆下來，副交感神經就會開始運作。

Q：泡澡泡久了肌膚會變美嗎？
A：泡澡會讓肌膚曝露在風險之中。

泡澡能提高血液循環，也能促進皮膚的新陳代謝；而洗淨身上的髒污，能讓人神清氣爽，同時達到放鬆的效果，這是泡澡的正面效果。它的反效果就是全身肌膚都浸泡在水裡，讓肌膚曝露在風險之中。如果是水溫40度的熱水，時間一長，肌膚承受的風險就更大了。

身體、手腳乾燥或皮膚容易發癢的人，不能天天泡澡，要隔2到3天後才能再泡一次，而且每次泡完澡後，一定要用微溫的水再沖一次才行。

一到冬天，肌膚乾燥的人就會增多。這種情況當然不能泡澡，而且還不能用肥皂，只能用「溫水」洗澡。只要實行宇津木保養法，身體乾燥的情況一定會有所改善。

在容易流汗的夏天，有些人會一天洗好幾次澡。如果每次洗澡都用肥皂，即使是夏天肌膚也會變得乾燥。

最好的方式是不用肥皂，只用清水將汗水沖乾淨。光用溫水，就足以將汗液、會產生異味的物質及讓身體黏膩的皮脂洗乾淨了。

Q：冬天肌膚乾燥該怎麼辦？

A：用增溼機讓屋內「保濕」。

想預防屋內空氣乾燥，可以使用增溼機。

造成肌膚乾燥的主要原因之一，就是乾燥的空氣。一旦空氣相對濕度降到30%以下，不管做什麼肌膚都會變乾燥。

不只如此，還會出現眼睛乾澀，鼻腔、口腔和喉嚨的粘膜偏乾的情況，讓細菌容易繁殖，增加得到傷風或流行性感冒的機率，加重口臭或導致鼻竇炎。乾燥的空氣不只對肌膚不好，連身體都可能引發種種病症。

像這種時候，用增溼機讓室內濕度保持在40～50％之間是很重要的。因此，有需要的話，家裡可以準備一台增溼機。

此外，為了員工的健康著想，公司也應該在辦公室內購置增濕機。一旦冬天濕度降至40％以下，感冒便會開始流行，得到感冒的人數也會急速增加。如果員工一個個因為感冒請假休息，對公司也是一種損失。

不過，一旦濕度太高長出黴菌也是件危險的事。這些黴菌會漂浮在空氣中、吸附在牆壁上，在空氣變乾時紛紛落下，增加被吸入肺部的機率，有時還會引發氣喘。

濕度再高也只能以55％為限，如果濕度高出這個數值，就要關掉增溼機。

Q：肌膚乾燥的原因有哪些？
A：有以下10項。

造成肌膚乾燥的原因，有下列10項：

❶過度清洗 ❷過度搓揉 ❸美妝保養品 ❹紫外線 ❺過敏 ❻室內空氣乾燥 ❼壓力 ❽皮膚脫水 ❾泡澡＆淋浴過強過熱 ❿泳池裡的氯、溫泉或硬水。

以上的原因，你符合幾項呢？只要努力將上述的行為和習慣一一排除，並持續下去，你的肌膚一定能回復原本的水潤光澤。當然，前提是不使用基礎保養品或粉底這類東西，並貫徹只用清水洗臉這個習慣。

身為皮膚科醫生，我會用雷射幫人進行除皺或除斑的手術，但不管雷射技術再先進、治療效果再好，如果平時保養的方法不對，肌膚總是處於乾燥狀態，不但會破壞治療效果，就算治療的當下問題解決了，不久之後還是會再復發。

平日的保養正確了，惱人的肌膚問題才能徹底解決。

肌斷食

立即丟掉你的保養品及化妝品，99% 的肌膚煩惱都能改善！

「肌」の悩みがすべて消えるたった1つの方法：美肌には化粧水もクリームも必要ありません

作　　者　宇津木龍一
譯　　者　婁愛蓮
封面設計　耶麗米工作室
內文排版　洸譜創意設計
文字協力　楊詠婷
主　　編　盧羿珊
總 編 輯　林淑雯
社　　長　郭重興
發 行 人　曾大福

國家圖書館出版品預行編目 (CIP) 資料

肌斷食：立即丟掉你的保養品及化妝品,99% 的肌膚煩惱都能改善！/ 宇津木龍一著；婁愛蓮譯. -- 二版. -- 新北市：方舟文化出版：遠足文化發行, 2019.07
面；　公分. --（生活方舟；6）
譯自：「肌」の悩みがすべて消えるたった1つの方法：美肌には化粧水もクリームも必要ありません
ISBN 978-986-97936-0-5(平裝)
1. 皮膚美容學
425.3　　108009465

出 版 者　方舟文化出版
發　　行　遠足文化事業股份有限公司
地　　址　231 台北縣新店市民權路 108-2 號 9 樓
電　　話　(02)2218-1417
傳　　真　(02)2218-8057
劃撥賬號　19504465
戶　　名　遠足文化事業有限公司
客服專線　0800-221-029
E-MAIL　service@bookrep.com.tw
網　　站　http://www.bookrep.com.tw/newsino/index.asp
印　　製　凱林彩印股份有限公司　電話：(02)2796-3576
法律顧問　華洋法律事務所｜蘇文生律師

定　　價　330 元
二版一刷　2019 年 7 月
二版五刷　2023 年 3 月

歡迎團體訂購，另有優惠，請洽業務部 (02)22181417#1124、1125、1126